服装高等教育系列图书

丁瑛 著

Xifang Fushi Zaoxing Yishu
Biaoxian

西方服饰造型艺术表现

东华大学 出版社 · 上海

前言

　　服饰造型是由外轮廓和内部结构综合构成的总体着装艺术形象。"型"指通过一定手段和材质构成的三维立体型，指服饰通过外轮廓和内部构造的统一所展现出来的体积、形状、质感、气质等。"形"指形状、形态，如方形、圆形等，在服饰造型上指外轮廓线。比如，本书中所讲述的"S形"指呈现S字形的形状，"S型"指呈现出S形的造型。

　　西方是相对于东方而言的，指欧美（欧洲和美洲）。西方服饰源起于北非、南欧和西亚，之后的几个世纪主要发展在欧洲。直到20世纪初之后，成衣工业化的发展使得美国（美洲）时装业逐渐对全球服饰发展产生影响。

　　服饰廓型以及造型思想和方法能够反映出不同的文化背景、思想观念，客观生动地对时代发展作出积极的反应。不同地域特点和生活习俗、审美观糅杂于服饰造型的各个方面，潜移默化地影响着服饰造型，直接体现在服饰造型的变化上。20世纪以后，随着科学技术的进步，服饰造型呈现出多元且顺应时代发展的精神面貌，20世纪中后期至21世纪初，后现代时期各种思潮、人文因素、科技的发展及生活方式的改变影响着造型的创意，现代与未来的碰撞及对传统的挑战使得服饰造型的变化不再拘泥于固定的形式，以复古和未来感并存的表现形式展示着时代潮流的发展。

　　近些年来时尚界"超大尺寸"风貌（LOOK）不断涌现，而西方古典时期的服饰造型就是以大和夸张为特征。西方服饰造型追求体积感、强烈的感官刺激、显露的张扬性、直观而立体。合体收腰的立体造型意识在西方服饰各个时期得到不断发展，服饰由过去展露形体的缠绕、垂坠、系扎等自然造型方式转变为修饰身形的增缺减余的三维空间立体造型，从人体本身特性出发来塑造立体曲线的服饰造型，体现"型"的重要性，以高度的结构化意识和立体造型为特征，强调研究人体和清晰的造型结构，追求艺术的完整性。对型的迷恋和夸张一直是西方服饰造型表现的重点，它在实现造型过程中所运用的造型技术、造型方法，对结构的注重、变化、组合以及编排所具有的艺术修养等都是值得研究的，通过了解西方服饰造型思想、理念，剖析其结构，总结其规律，挖掘出表像后面所具有的人文精神和审美涵义，为现代服饰造型提供借鉴和参考。

　　本书以客观史实为依据，以造型实践为经验，基于对实物的观摩和分解以及在文献史料研究基础上，通过系统地梳理与分析，针对西方服饰造型的历史演变以及其对当今时尚设计的影响与启示进行探讨，选择历史上各个时期的具有代表性的造型实例为主要切入点，重点对几何形、仿生、传承与创新等造型方法分析总结，从服饰造型的历史背景、灵感来源、造型表现等方面剖析，从中得出造型理念、造型结构、造型技术对造型创新的重要性。最后，本书分析了服饰造型所体现出的艺术风格和艺术形式美法则，总结出造型创作的特点和规律，以此为造型创作提供更多的借鉴和参考。这有别于以往书籍侧重服饰造型设计概念和原则，以及对服饰造型设计形式美、细节要素、色彩面料、结构与工艺等在造型设计中的应用的全面或宽泛的论述和展示。同时本书对"型"的概念也有所界定，以此树立正确的造型观念。

　　参考过去可以照亮未来。无论是否身处时尚中心，探索服饰造型变化美学的历史，以及在造型过程中所体现出来的思想都是对未来造型设计和创新的重要引导。西方服饰造型以人为本的造型理念，通过服饰外轮廓和内部结构的变化，顺应时代潮流和经济、审美的变化以及着装心理的需求等特征，值得我们深入地研究和探讨。

　　受时间和条件等因素的限制，本书内容尚存一些不足，今后将进一步完善。也敬请读者批评指正。

作者

目录 Content

第一章 关于服饰造型

第一节 服饰造型的概念

　　本书中讲的造型中的"造"即创建、制作的意思，"型"指体积、样式。造型即制作样式，指运用艺术的手法通过技术手段和物质材料而创造出的可视的、静态的空间形象，具有形状和结构的特征，同时对塑造的实体进行必要的简化，并用适当的表现形式或规则把它的主要特征描述出来。

　　造型存在于一切具有维度指标的具象事物之中，指可通过五官感觉捕捉到的事物形态，显露于表面的姿态或外形的一定形式，或是塑造物体的特有形态和立体空间构型而创造出来的物体的形象等。造型艺术是在充分把握住物体主要特征的基础之上，研究创造出的一种新的、理想的物体形象。造型活动专指产生于视觉领域、以满足视觉样式需求为表现目的、包含造物行为的创造活动，特指艺术、设计等领域里的外轮廓和内结构在形象上的关系总和。造型艺术包括绘画、雕塑、服饰、建筑等方面的内容（图 1-1-1）。

（1）现代建筑外轮廓造型

（2）雕塑局部造型特征

图 1-1-1 外轮廓独特的建筑和内结构丰富的雕塑

　　服饰指衣着和装饰，是装饰人体的物品总称，包括服装、鞋、帽、袜子、手套、围巾、领带等。服饰造型（modeling）指根据人体运用艺术的手法，通过技术手段和物质材料进行三维空间的整体轮廓及内部结构的设计。它包括外部轮廓和内部结构两部分，是由服饰造型要素构成的外轮廓和内部结构总和的总体着装艺术形象。从根本上讲，服饰造型是以人的基本体型为基础，在不违反实用功能的基础上运用夸张、衬托的手法和不同结构组合进行形体塑造，使人的体型产生美观的效果。服饰造型是构造服饰的框架式样，为材料和制作提供最有效的依据。

　　自然界生物种类万千，形态各异，正因为有了它们，世界才变得更加的美丽多姿。但其中大部分的生物只能永远保持它们自身的形态和色彩，唯独人类能按照自己的愿望、理想和需要来运用自身的智慧和双手通过服饰的穿戴和装扮，不断改变自己着装的视觉形象、空间形态和审美效果（图1-1-2）。

图 1-1-3 变化多样的服饰造型

图 1-1-2 服饰造型的视觉形象

　　服饰造型是一门综合性的艺术，融合了造型、材质、工艺等多方面的美感，体现了技术与艺术的整体美学，具有独特的艺术形象感和美学意趣。文化的繁荣与经济技术的发展是推动服饰造型创新的重要因素，服饰造型的变化与创新会随时代的不同而演变出多种多样的独特造型（图1-1-3）。

第二节 西方服饰造型的特征

服饰是人类特有的劳动成果，具有物质和精神的双重属性。因此服饰造型是从物质到精神的升华，又是从精神到物质的转化。从本质上而言，服饰造型的特征来自其所具有的社会性、文化性及审美性，其形状、质感等因素的综合影响使服饰造型具有显著特征：第一，创造性。创造为服饰造型的前提，指通过发挥想象力和创意思维，采用独特的表现形式、崭新的技艺使造型富有新意。第二，实用性。主要体现在服饰造型物质性方面，指物品的实际使用价值，即满足人们的穿着，给人以舒适和美的享受。第三，文化性。从服饰起源开始人们就已将其生活习俗、审美情趣、色彩爱好，以及种种文化、宗教观念等都沉淀于服饰之中，构成了服饰文化精神文明内涵。不同的服饰造型是社会文化在特殊历史阶段的产物。第四，艺术性，即服饰造型的精神性和审美性。服饰造型以一种永久的物质形态表达深刻的历史和审美内涵，以美为基础，反映了人们在不同社会历史阶段中对美的追求。第五，时代性。服饰是反映社会经济发展水平的重要标志，带有鲜明的时代烙印和时代特征，因此服饰造型具有鲜明的时代感，充分反映时代的精神风貌以及塑造了时代的鲜明形象。它也是服饰设计最本质特征之一。

服饰造型区别于其他造型艺术的是，它必须依附于人体并遵循人体运动规律而存在。西方视人体为一切艺术灵感的来源，崇尚人体美，认为人体是宇宙中最美的形体，因此西方造型的立体感是直观而具体的，体现在造型上则是不断显露的张扬性，追求体积感和强烈的感官刺激，视服饰造型为扩张自我肉体的一种工具。西方造型的主要目的是以三维立体空间展现形体之美，呈现人与物相对立的宇宙观。其表现在服饰造型上则为：人是主体，服饰是附属物，服饰必须服从形体大小和活动机能的需要。所以西方服饰历经了许多不同造型阶段，最终走向了明确适体或人为夸张的形制时代，并开创了造型结构的处理方法，达到立体塑型的目的。

一、适体性特征

服饰是社会人区别于自然人的一种外在表现形式。服饰造型就是设计师借助于人体以外的空间，采用材料特性和造型手段，去塑造一个以人体和面料共同构成的立体着装形象。服饰造型始终围绕人体进行适体、夸张等形式的变化和修饰。西方服饰的外型强调立体感和扩张感，运用结构处理的方法还原人体凹凸变化的曲线维度，同时对人体的肩、胸、臀等部位做夸张处理，达到修饰人体和突出人体特征的效果。这种立体的塑型思想和结果是建立在对人体的了解以及三维空间意识的基础上，具有一定的独特性和代表性。

人体和"体"的结构性。人体即人的身体。"体"是物质的形体，是具长、宽、厚的三维立体。人体具有复杂曲面的特征，以身体中心线为轴左右两边对称，各个肢体部位比例协调，造型生动。人体表面是皮肤，皮肤里面有肌肉和骨骼，骨骼结构是人体构造的关键，在外形上决定着人体比例的长短、体形的大小以及各肢体的生长形状。男人体具有宽肩窄臀的T型特征，女人体

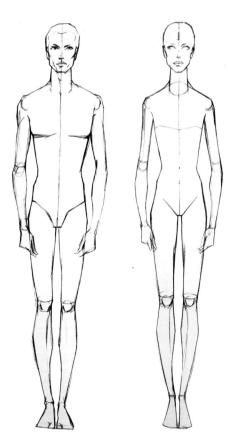

图 1-2-1 男、女人体的特征

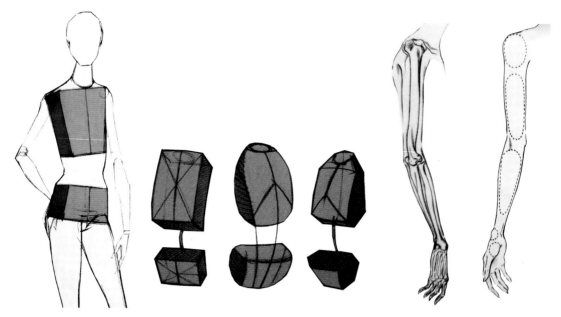

（1）人体躯干的结构性特征示意图　　　　（2）手臂的结构性特征示意图

图 1-2-2 体的结构特征

具有肩和臀等宽、腰细的 X 型特征（图 1-2-1）。但任何体型都会存在美中不足，这就需要穿着者要通过外在的服饰来进行修饰、弥补和美化，创造出理想的或接近理想的人体形态。因此，"体"的塑造和雕琢是服饰造型不断突破创新和展现的客观载体（图 1-2-2）。

服饰造型艺术必须依附于人体，并遵循人体运动规律而存在，人的形体在服饰空间展示中充分体现出自然、理性、干练。西方人以自我为中心，视人体为美的化身，因此表现人体、塑造形体、展露形体的美成为西方艺术中最为显著的特点。尤其是与人体发生直接联系的服饰造型，以人体为原型，以再现或夸张等形式展现出人体体型的魅力，强化人体的结构面，服饰始终围绕"型"的变化来达到视觉的丰富，具有显著的立体雕塑的特点。

人体审美区域的变化、审美文化传统、服饰使用功能等因素的存在，造就了千姿百态的服饰风貌，并使造型不断翻新变化。比如在某些填充服饰造型空间的设计中，常用衬垫材料（如裙撑、臀垫）将人体体型进行夸张、变形，从造型角度上侧重于形体的转折与扩张，体面的空间与层次，体积的扩大和缩小，比例、层次、厚薄和指向性的变化。

譬如，自 16 世纪以来以上轻下重为特征的女裙曾多次发生廓型强化的变化进程。文艺复兴时期典型的裙撑法勤盖尔（Farthingale）从钟形、圆形发展为车轮形，体积越变越大，直至 17 世纪末发生退化。18 世纪前期开始流行的裙撑帕尼埃（Pannier）又曾发生类似情况，不同之处是强化的方向变为身体的两侧，1775 年以后强化的趋势转换了方向而侧重于臀部后方。19 世纪初新古典主义时期女裙体积缩小，轮廓线变得自然和较为平直。1845 年开始，女裙体又一次强化，从圆台形的裙撑克里诺林（Crinoline）渐变为向后拱凸的臀垫巴斯尔（Bustle）（图 1-2-3）。服饰廓型强化的发展变化与循环往复贯串于整个服饰造型历史。

20 世纪初期以前，女装的外形都是靠紧身胸衣和各种裙撑塑造出不同的外观轮廓，其着眼点都集中在人自身的身形展现上：服饰呈现分割式、曲线状立体型，具体体现在以人体各部位尺寸为基准，分别制作领子、衣身和袖子等部件，以适身合体的三维服饰空间展现形体之美。

服饰造型的外观和结构与人体密不可分，造型要树立起完整的立体形态概念：一方面造型要符合人体的形态以及运动时人体的变化需要，另一方面通过对"体"的创意性构思使服饰别具风格，对"体"

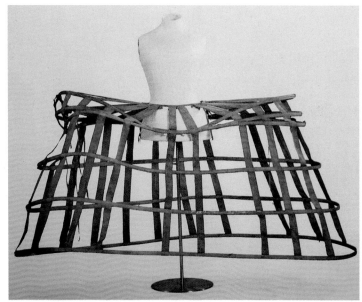
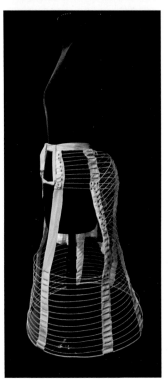

图 1-2-3 不同形状的裙撑对体的塑造和强化

在服饰造型中要巧妙应用，服饰造型要结合人体的特定部位，以扩充的体积感在造型中创造出具有强烈雕塑感的服饰，从而形成独特的造型风格。

二、构筑形体的空间意识特征

人体具有三维立体结构特征，因此围绕人体展开的服饰造型同样具有三维结构特征。服饰造型构建了人体与面料的立体组合效果，而且物体的造型是通过三维空间塑造表示出来的，因此可以从空间的上下、左右、前后任何一个角度去观察它的立体形态，研究它的美感。服饰造型依据不同人体部位的变化拓展内外空间的量，包裹并展现和表现人体，同时也随人体的运动而呈现服饰空间的动态性变化。

1. 造型空间的概念

空间是与时间相对的一种物质客观存在形式，是物与物的位置差异度量。空间由长度、宽度、高度（也称厚度）表现出来，通常指四方（方向）上下，即三维空间，具有左右、上下、前后空间的视觉立体感，由三维无限延伸而确立。三维空间也可称为"体性空间"，具有笼罩、涵括和深远感，直接反映直观思维对外界物体的形状、大小、远近、深度、方向等特性的把握。空间无处不在，任何形态必然依附于一定的空间才能存在。空间决定形态的大小、远近、方位及显隐，而形态也对空间产生强烈影响。

服饰造型必需在一定的空间中显现和表示，同时服饰上的各局部（指"有形"的局部，如领、兜、纽扣以及配件等）之间的空余部分，也具有空间作用。因此，对各局部的尺度、位置、方向、聚散等经营，均属于空间分割及形态的排列组合。空间具体到服饰上指通过廓型的外边缘线所包围的造型实体，可以是整体的衣片，也可以是局部的部件。

"体"有实芯体和空芯体两种，实芯体只有占据外空间的单一特性，而空芯体不仅占有外空间，还包含形式各异的内空间。服饰的外空间是指服饰总体体态所占据的外围空间，服饰内空间是指人体与服饰之间的间隙。人体属于"实芯体"，服饰则为"空芯体"，两者合二为一，相互之间有内空间的存在。无论是富于立体感的服饰，还是平面放置的衣物，也包括裸露的人体部分，各自都占有各自的外空间。注重外空间的塑造不仅可以强调服饰造型，获得视觉的美感，而且对人体形象也有修饰美化的作用。

三维由长、宽、高三要素构成，这也就是"体"的构造。人体是一个复杂而生动的立体，由不同的面与面组合而构成。服饰造型即研究占有三维空间的体。三维空间意识建立在对人体的熟悉和了解以及对客观实际物体的认知上。空间的塑造关系到面与面之间的连接，以及空间中的方位、路线、角度、转折的变化与把握等。同时空间具有距离性和扩展度：距离性指前后、左右及上下之间的距离；扩展度指一定的范围和体积的大小。因此，行进中的路线、方位、角度、距离等具有至关重要的作用（图1-2-4）。

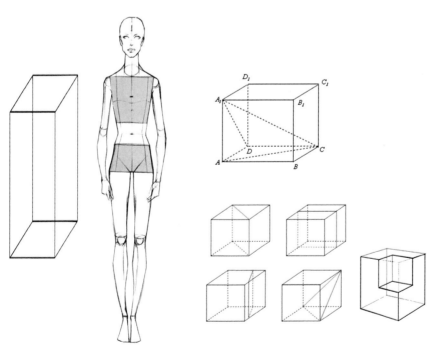

（1）人体的三维空间示意图　　　（2）三维空间的角度、方位、转折等变化示意图

图1-2-4 三维立体空间

2. 造型空间意识的形成

由于地理环境、社会背景、经济发展的差异，每个民族都历史地形成了自身固有的思维方式。在造型思维上，西方服饰和建筑都具有三维空间的概念以及扩展的空间意识，追求立体造型美，表现为结构上的立体化以及向上和向四周延伸的空间意识。自古希腊与古罗马时期以来，西方服饰以立体空间的塑型理念为指导，从自然型的表现到人工塑型的创造，以合体紧身的窄衣文化为特点，将人体塑造成不同的外轮廓（如 X、T、S、H 型等），并在外轮廓上以"大"为特征，注重空间的占有，拓展富有变化的内空间和占据大的外空间，从而形成造型宏伟、华丽、夸张、坦率的服饰特征，突出造型的体量感和层次感。

服饰廓型的演变体现出服饰立体结构对造型空间的影响。14 世纪前服饰造型空间趋于简单，14 世纪后服饰造型的空间形态被扩展了，这体现了服饰造型空间变化性的特征。西方塑型美学观念的重点是竭力表现人体的立体造型，保持相对静止的立体几何空间效果。空间意识的确立是造型实践和直接经验的结果。早在古希腊与古罗马时期，服饰造型便开始讲究比例、匀称、平衡、和谐等整体效果，并将布料在人体上围裹、缠扰，构成庞大、繁复、多层次的造型空间。比如立体褶饰等就体现出造型的立体扩展空间意识，为之后不同时期的服饰立体造型的空间拓展打下基础。至中世纪，确立了以人为主体、宇宙空间为客体的立体空间意识。在哥特式后期，出现了新的倾向，即在保证上身适体空间的同时，下身外部空间初具扩张形态，新的造型流露出人为修饰因素，并首次孕育了造型与人体围度对照的空间效果。至 16 世纪文艺复兴时期，服饰强调三围差别，注重立体效果，结构独特，其造型定位和人体特征相结合，运用切展放量技术增加造型的体积感，运用相对复杂的部件裁剪和褶裥等方法赋予服饰造型以真正的三维空间，其醒目、夸张，既塑造了人体的结构特征，又表现出服饰特有的空间造型感。文艺复兴时期之后的数百年间，造型与人体围度对照的空间效果表现更为明显和极致，适体的空间形式被复杂的造型技巧所取代，几何形的圆锥体塑造使纯立体意识愈演愈烈，服饰在趋向修饰与夸张的同时，依靠鲸骨架上增放的垫圈使锥体外部空间形态变得更为庞大。这种影响一直延续到 19 世纪中期，主观追求单纯立体空间的意识一直占主导地位。

空间意识的形成与人类生活的环境、文化背景等密切相关。西方人所具有的空间意识是西方民族在特定环境与历史下产生的相应结果。西方人的三维空间意识反映了他们对空间探索的心理，有着明显夸张的自我心理动机。增大造型的体积、渴望占据更多的空间、夸张的造型理念，使人与自然整体之间、人与人的个体之间保持着一定的距离，反映了西方人的宇宙观，也反映了人与自然万物、心灵与环境、主观与客观的对立性。空间意识的形成，可使创作者从立体的角度去把握造型，树立正确的造型观念，从而不断去拓宽造型思路和挖掘造型创意的深度。

空间是需要构筑的，因此它是结构化的，而空间所展现的立体则体现出结构的精妙。立体造型即三维空间的塑造，需要立体的空间思维意识，从而达到理解结构、把握空间的能力。

第二章 服饰造型结构

第一节 关于结构

一、服饰造型结构的概念

西方服饰以研究和塑造人体美为特征，强调清晰的造型结构，追求艺术的完整性。凡是"体"都能支撑起、屹立起，因此体的成立必与结构有关。服饰造型以人体结构为依据并附着在人体之上，具有一定空间厚度的"体态"。造型离不开人体，那么造型的形式也不会完全脱离人体的形体特征而存在。服饰造型在人体美的基础上产生了极其丰富的体的结构变化，改变着造型体的结构性，强烈地表达独特的造型特性。如前文所述，造型具有形状和结构的特征，而结构指连结构架，构成整体的各个部分之间有机地搭配和组织，具有构筑、建造等意思。服饰造型结构主要是指造型的外部轮廓和内部构造，具体指决定造型的裁片形态的纸样图（图2-1-1）。

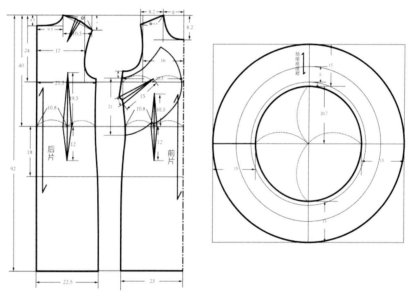

图 2-1-1 衣片纸样图（即结构图）

造型的变化即结构的变化，其结构复杂、变化多元，而立体结构拓展了造型的空间可变性。西方服饰造型是根据人体的曲面以直线和曲线相结合的方法进行结构设计，在服饰造型时运用收省、分割线、褶裥等方法消除面料浮余量，完善了服饰的造型形态，弥补了平面造型对立体空间构造进行变化的局限性，使服饰造型的空间可变性得到了进一步的发展。

二、服饰造型结构的体现

服饰造型结构由外轮廓和内部结构共同组成，因此其结构的体现也包含这两方面。

1. 外轮廓

外轮廓即服饰造型的外部剪影，是人体着装后整体外轮廓所呈现的形状，通常以简洁、直观、明确的形象特征反映着服饰造型的特点。人体与面料的契合共同构建了服饰造型，在服饰内部结构等部件的共同作用下，构建了内造型效果，与人体共同形成了外部轮廓。服饰的廓型是描述服饰的基本风格和特征的重要依据，通常也称外轮廓线（silhouette），是造型的整体形状及体积感呈现。经典的服饰作品或建筑设计等都有其典型的轮廓，有些廓型成为某个时代或某位设计师的代名词，如历史上洛可可（Rococo）时期的 X 型、巴斯尔（Bustle）时期的 S 型以及 Chanel 的 H 型、Dior 的郁金香型等。服饰的外轮廓线是依据人体本有的体型特征展开并包裹人体的塑型，因此造型效果各具特色，可方可圆、可拟物或变异夸张等（图 2-1-2）。

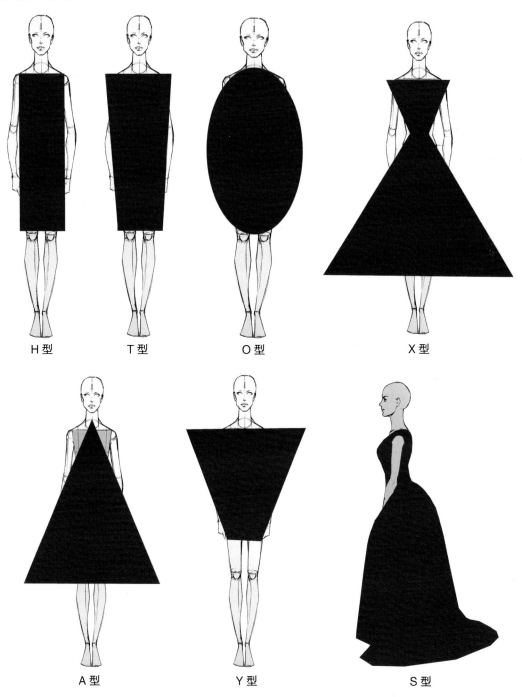

H 型　　　　　T 型　　　　　O 型　　　　　X 型

A 型　　　　　Y 型　　　　　S 型

图 2-1-2 不同服饰外轮廓剪影

廓型常用英文字母或几何形来形象化命名。以英文大写字母命名的廓型有 H 型、T 型、O 型、X 型、A 型、Y 型、S 型等，此种命名准确概括出了廓型的轮廓特征，便于识别和记忆。仿生形和几何形造型是服饰造型的两大类方法。仿生造型主要模拟自然界动植物的外形，造型外轮廓具有圆润柔和的曲线特征；几何形造型模拟建筑等立体造型，具有硬朗简洁的外形特征（图 2-1-3）。

（1）X型　　　　　　　（2）H型　　　　　　　（3）A型

（4）S型　　　　　　　（5）T型　　　　　　　（6）O型

（7）圆型　　　　　　　（8）花苞型

图 2-1-3 以英文字母命名的廓型和仿生廓型

外轮廓由一定长度和围度的体积构成，包括肩、胸、腰、臀、下摆等要素的宽窄和立体空间形态共同构成，且各要素之间互相连接、对比，形成确定的外部轮廓。通常采用填充和紧束的方式扩大部位的体积或缩小部位的体积来达到鲜明的廓型特征，同时结合人体的特定部位将部位做夸张处理，并与其他部位产生对比，形成聚焦的外轮廓特征，比如平展加宽的肩部是形成 T 型的必备要素，X 型强调束腰，H 型则放松腰部等。在不同时代由于造型技术和材质的改变，同样形状的廓型会出现细微的变化。

西方服饰强调造型的轮廓与结构，其造型合体、修身，以展示人体特征和活动的实用性为特征，从最初的古希腊、古罗马时期到 20 世纪初，期间经历过 H 型、X 型、S 型、T 型等一系列外轮廓的夸张和造型的探索历程，始终表现出以塑型为主导的造型宗旨，充分展现出服饰造型以人为本的塑造自由空间的思想和艺术追求。

2. 内部结构

造型结构是一个综合性的整体概念，是把许多要素综合在一起，通过美的形式达到和谐与协调性，构成统一的造型功能和美感。外轮廓好比人体的皮肤、肌肉，而内部结构好比人体的骨架，内部结构具有决定外轮廓和支撑外轮廓造型的作用。

造型的内部结构就是指内部的细节设计，即点、线、面造型元素的具体连接方式和方法以及搭配和组织。内部凸点、分割基点，省道线、褶裥线、分割线的线型，曲面或直面的构造连接，以及组织、排列方式等（比如省道的分配和位置设定，分割线的方向、曲直、疏密、长短和排列方式，褶裥的类型、纵横、疏密、规律和不规律等），都属于内部构造的元素。在内部构造中，根据不同的造型风格和体态特征，巧妙地运用省道、褶裥和分割线，充分考虑各元素之间的对比与统一、合理分布、组织协调，使服饰外轮廓和整体造型更为鲜明和更具特色（图 2-1-4）。

（1）内部结构的组织（造型一）

（2）正面（造型一）

（3）背面（造型一）

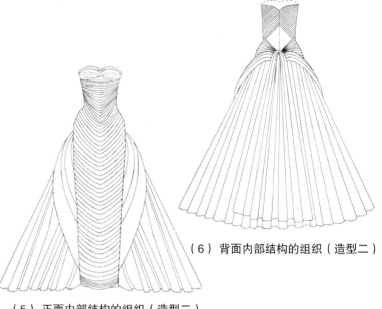

（6）背面内部结构的组织（造型二）

（5）正面内部结构的组织（造型二）

（4）正面（造型二）

图 2-1-4 造型的内部结构的表现

第二节 服饰造型结构的要素

要素之间的连接和构筑组成了结构的单元，构成了塑造形体的空间体系。造型要素在造型过程中起着类似单词和词组的作用，对造型物体的空间关系起着至关重要的基石作用。服饰造型的形态要素均由点、线、面元素构成，通过对它们的基本形式进行组合、分散、积聚、排列等构成上的变化，可创造出千姿百态的造型形态。

造型即以物质材料创造可视空间，造型的本质在于空间的立体塑造，点、线、面是构筑空间的元素，空间的构筑需要元素之间的组合、连接穿插、重叠相离等。服饰造型中的点状、线条、块面等都是在三维空间中展开并组合、排列而成的，是在实用原则基础上运用形式美法则将这些要素和谐地组合在一起。

服饰造型的要素包括构成要素和材料要素，其中构成要素指点、线、面。

一、构成要素——点、线、面

在服饰造型中，点不仅有大小、形状、位置之分，而且还有具体形、质感、肌理之分，是能被直接感受到的视觉元素，是有一定面积和形态的物的存在。作为在服饰造型中的最小元素，点在空间中起着标明位置的作用，具有注目、引导视线的特征。点在空间中的形态、不同位置以及聚散变化，都会引起人的不同视觉感受。比如：点在空间的中心位置时可产生扩张、集中感；点在空间的一侧时可产生不稳定的游移感；点的竖直排列能产生直向拉伸的紧凑感；较多数目、大小不等的点若渐变排列时可产生立体感和视错感；大小不同的点若有秩序地排列时可产生节奏韵律感等。点的排列是丰富多变的。比如：一个点在平面上会显得突出，有吸引视线的作用；两个点可以表示出方向；三个点可以引导视线移动；众多的点连续或纵横密集排列时则会产生线和面，即点的线化和面化。服饰造型上点的形状多样，有圆形、三角形、梯形、其他几何形或变异形等，小至拼缝的交点、结构上的小块面或装饰面，大至一定面积的口袋块面或堆砌聚集的块面等，都可被视为一个可被感知的点。了解了点的一些特性后，在造型中恰当地运用点的功能，富有创意地改变点的位置、数量、排列形式等，就会收获不同的艺术效果（图2-2-1）。

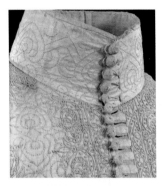

图2-2-1 点元素的体现

　　线是点的移动轨迹，它在空间中起着连贯的作用。在造型中线有一定的粗细、长度和方向，而且还会有不同的肌理和质感，因此造型中的线是立体的线，具有长度、粗细、位置以及方向上的变化，能被感知和造型。表现在服饰造型上的线有轮廓线、拼接线、褶裥线等（图2-2-2）。综合应用不同性质线条的组合、服饰各部件造型线的变化、服饰局部或整体的水平或横向分割线等，既可塑造空间也可强化服饰的合体性。改变线的长度可产生深度感，改变线的粗细可产生明暗效果等，因此，在造型过程中改变线的长度、粗细、浓淡等比例关系，将产生丰富多彩的构成形态。

（1）拼缝线前　　　　　　　　　　　　　　　　（2）拼缝线后

（3）褶线

图 2-2-2 线元素的表现

线又有直线、曲线之分。曲线具有圆顺、优美、温柔的女性感，因顺应人体的曲线特征而运用广泛。衣身上常采用的公主线、刀背缝等分割线就具有鲜明的曲线特征。造型上使用的曲线部位和装饰方法的不同，所形成的造型风格与特征也就不同（图 2-2-3）。

面是点的扩展和线的密集，有平面和曲面之分。在造型中，面有长度与宽度，有一定的位置和方向、肌理、形状等特征。服饰上装饰线和分割线分块的不同以及不同形状的衣片或袋面等具有一定面积的布片均可看作是面。众多的独立衣片就是服饰中面的单元，比如前衣片、侧衣片、后衣片、大袖片、小袖片、领片、前裤片、后裤片等（图 2-2-4）。面的作用主要与它的形状有关，用于造型上的有方形、三角形、多边形、圆形、椭圆形以及不规则形等。面与面的组合、重叠、旋转、交叉以及面之间的比例变化和面积配置，又会产生不同形状的空间变化，由此形成风格各异的造型艺术效果。

服饰造型就是运用美的形式法则来有机地组合点、线、面要素而形成造型的过程。这些要素应具有：一是层次性，即要素的主次、有序变化等；二是结构性即组织架构，指要素之间有机地搭与配合组合而形成的相互联系的整体；三是功效性，

图 2-2-3 衣身曲线分割

（1）装饰面

（2）领面

图 2-2-4 面元素的表现

即同一要素在不同系统中具有不同的地位和作用；四是协调性，即系统中的某一要素与其他要素必须协调，也就是说点、线、面要素要综合运用来塑造体的造型。点、线、面各自是独立的要素，但在造型过程中却是一个相互关联的整体，因此在应用方式上可有侧重单一要素的应用和侧重多种要素的综合应用，这些应用的多样化使服饰造型在造型空间、虚实、量感、节奏、层次等方面产生多种变化。

二、材料要素

服饰造型的过程是将设计意图物化表现的过程，是将物质材料有机地转化为服饰成品的完成过程，即通过对服饰布料和装饰物材料的选配、加工、整形、外观处理等方法，使之成为服饰造型的有机构成。而创作理念、设计思想都是依靠材料来表达的，材料是制约艺术家和设计师进行服饰造型艺术的主要因素。不同的材料呈现出不同的质感，而服饰造型是有形的物质空间塑型，因此材料的质感决定了物体造型形状表面的质感和肌理（图2-2-5）。

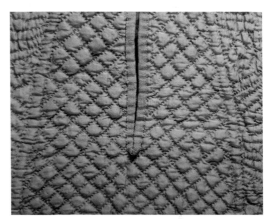

图 2-2-5 不同材质的效果

1. 材料的种类及风格

服饰造型中的材料包括面料、里料、絮填料、辅料等，最表层的材料是面料，面料和里料之间还有填充物。填充物叫作絮填料，即辅料的一种。辅料主要包括衬布、纽扣、金属扣件、线带、絮料和垫料、水钻、有纺衬、鱼骨等。历史上服饰造型材料的选择始终基于便于结构和衣身塑型的原则。服饰造型要取得良好的效果，必须充分发挥材料的性能和特色，使材料特点与服饰造型、风格完美结合。材料上主要体现硬挺和柔软、虚与实、轻盈与厚重、华丽与质朴两级之间的对照。西方服饰造型经过了从柔软到硬挺，再到柔软的不同造型风格的变化过程，期间造型呈现出的垂坠、飘逸、挺括、奢华、质朴、虚与实、刚与柔等不同艺术风格，与造型材质的选择紧密相连。

譬如，极具女性化的蕾丝作为古老的手工艺材料，以其特有的材质特色被绑定在了服饰造型领域，成为展现造型奢华和夸张的载体。历史上蕾丝在服饰上的应用随处可见，比如在17、18世纪的欧洲男女服饰上都装饰有蕾丝。18世纪的欧洲宫廷及贵族男性穿着的服装上的袖口、领襟、袜口边沿曾大量使用蕾丝，18世纪90年代蕾丝专门用于女装及其领口、袖口、衣襟、下摆等，除用于边缘装饰外还有其他装饰形式，如覆盖在其他面料上较大面积地堆积。比如，在洛可可风格女装袖子上将蕾丝花边抽褶形成波浪褶，多层错落地重叠后接合在袖口边缘，袖子的长度一般在肘部以上且袖子由肩部到肘部紧窄贴体，蕾丝褶饰轻柔地垂下且蓬松地张开，使袖子整体呈现喇叭形的外观。它在装饰的同时完成了造型的功能。装饰在紧身胸衣、裙身等各个部位的不同时期生产的不同花型和质地的蕾丝见图

（1）18世纪袖口上的蕾丝

（2）18世纪蕾丝样品

（3）内衣上的蕾丝

（4）19世纪紧身胸衣上的蕾丝

（5）20世纪20年代礼服上的蕾丝

（6）礼服上的蕾丝

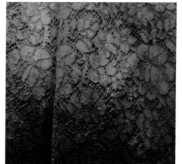
（7）染色蕾丝面料

图2-2-6 不同时期生产及装饰在不同部位的蕾丝

2-2-6。蕾丝具有通透性，可硬挺厚实也可轻盈柔软，花型传统、变化丰富，质地轻薄透明，风格细致纤巧（图2-2-7）。

2. 西方服饰造型材料的发展状况

在与设计意图相吻合且工艺技术相同的情况之下，所选择的材料越恰当，服饰造型效果也越具特色，而面辅料的日益丰富也会提升造型的丰富性。

16世纪文艺复兴时期到20世纪初，服饰造型刻意强化繁复的衣褶效果和体积感，这使得各种面辅料不断涌现。16世纪文艺复兴时期随着服饰奢华程度的升级，面辅料也呈现出多样而绚烂的景象：丝绸、锦缎和天鹅绒、法兰绒常常是奢华服饰面料的首选，还有羊毛、北欧裘皮等；为丰富原材料而

图 2-2-8 文艺复兴时期服饰造型材质的奢华体现

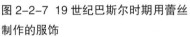

图 2-2-7 19 世纪巴斯尔时期用蕾丝
制作的服饰

在织锦缎和天鹅绒中织进了金银丝线，这些金色锦缎与闪亮塔夫绸等织物质地厚实、外观奢华，为立体夸张的造型带来一定的效果。同时在造型上尽量铺展开面料，呈现宽大平坦的华丽效果，或折叠成规矩的褶饰。意大利风格时期服饰造型从面料开始，高度发达的织物工厂大量生产天鹅绒、织锦缎以及织进金银线的织金锦等华贵面料。当时佛罗伦萨丝绸和毛纺行会以生产织有金银丝的豪华织锦缎而著称，其高难度的丝绸织造技术和花锦缎织造技术闻名于世。同时由于欧洲各国的服饰文化相互影响，出现了"意大利风格的绸缎""西班牙风格的塔夫绸""德国风格的棉毛交织布"等。骨感定型的面料主要有织金锦、提花锦缎、丝绸、云纹绸、塔夫绸或亚麻，薄型织物有平纹细布、细薄棉布、薄纱、网眼织物，而蕾丝是这个时期最为时髦的造型材料（图 2-2-8）。

17 世纪巴洛克风格和 18 世纪洛可可风格将服饰造型的装饰性推向了顶峰，堆砌的衣褶、繁复的装饰、奢华的面料是其主要特征。由于纺织机器的使用，高级面料的产量、品种、样式都大大增加；机织的丝绸、天鹅绒和锦缎等不仅质量上乘而且华丽精美，丝绸的自然光泽让服饰造型整体质感呈现出雍容华贵的外在感观，且绸缎面料常被进行缝缀、堆积等立体造型处理而装饰在服装表面。与此同时，还出现了更轻薄的丝织衣料、薄棉布、织纹较密的白麻布、薄纱、条纹毛织物和蝉翼纱等。洛可可时期织花、提花机的改进及艺术家们设计的面料图案给面料艺术性的提高提供了条件，新型染料的发明和染色技术的提高更使得面料色彩纷呈。洛可可时期的服饰面料多采用精致高雅的织品，如具有优雅透明感的缎与绡纱、精致的印花薄棉布、加入金属丝的提花织物等，同时对面料还进行立体的表面再处理以表现面料的凹凸感和浮雕感，使其达到独有的装饰风格。此时期流行的织物除了塔夫绸外，主要还有织金锦、提花锦缎、各色丝绸和云纹绸等（图 2-2-9）。

第三节　服饰造型结构的处理方法和组织

造型结构的处理和组织是指运用省道、分割线以及褶裥等造型技术进行服饰造型的处理。省道、分割线和褶裥三者都具有收取余量的造型作用，且三者相互联系、相互转化。

一、造型结构的处理方法

造型结构的处理可为整体造型带来创新的视觉感受。由于西方服饰强调三维立体的空间构筑，其结构的处理是通过省道、分割线及褶裥等不同造型手段来实现结构的变化，从而达到造型的目的（图2-3-1）。

图 2-3-1　女装结构处理的体现

西方女装从中世纪开始就出现了合身立体的上半身造型。因为女性人体的体表是凹凸不平的，特别是胸部和腰部的围度差量，使得面料覆盖在人体上时会形成浮余量（上半身的浮余量主要集中在前身和后背），为了解决衣身合体的造型，需要运用相应的造型技术。西方女装夸张的胸腰差对女装的结构不断提出挑战，为了达到合体贴身的立体造型及展现人体的曲线美，省道、分割线、褶裥等造型技术开始出现并被运用。

1. 省道的设置

因为人体表面是凹凸不平的曲面，胸腰高低起伏的围度差呈现出造型的曲面特征，为与人体贴合，需要把平面的布料做成符合人体的立体状态，此时可进行余量收取的省道（dart）就起到了至关重要的作用。省道的形成是为了减少人体高低起伏的曲面和布料之间的余量而出现的，是为了吻合人体凹凸起伏而采取的收取余量的方法，目的是解决面料和人体三维的空间关系，以适应造型曲面，达到合体塑型作用，让造型更合身、伏贴，从而展现造型。

省由省缝和省尖两部分组成，省道拼缝的消失处为省尖点。在衣片任一部位通过缝辑得以消失的锥形或近于锥形的部分称之为"省"。省使垂直于省迹方向的尺寸形成差量，构成省尖点凸出，省迹表面处理成锥状的立体轮廓造型。合体型设计离不开省的运用。在服饰造型中不同部位的省道，其位置、外观形状及作用也不同。省根据所处部位的不同可分为胸省、肩省和腰省等，它们是为使上半身达到合体而常用的省。省的形状、大小、长短、指向等细节是决定造型结构优劣的重要标准（图2-3-2）。

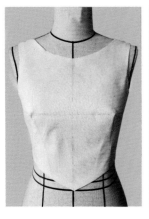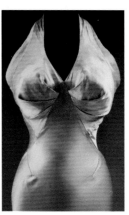

（1）单省道　　　　（2）双省道

图 2-3-2　贴体上半身省道的设置

图 2-3-3　紧身衣造型省道的变化

　　三维立体造型观念与技术一直是西方服饰发展的核心。中世纪之后西方服饰造型的收腰适体意识得到不断发展和强调，其对着装立体效果的追求开始用"省"来处理服饰造型的结构。中世纪后期女装结构的创新性体现在长袍的上半身轮廓细密贴合和下半身呈辐射状展开，整体呈现出一种上紧下松、上轻下重的造型。在立体体型上的一定的立体区域内（如腰部等），为追求合体或贴体，把服装上多余的面料运用合缝处理，就形成了省。而初期的收省只是从人体腰部两侧各收掉一个三角形或菱形块来做合体性尝试，这些收掉的量（如胸、腰、臀围之差形成的多余量）即为省量。当时由于造型观念和技术的问题，使得省只单一地用在女性服饰的腰部，后来伴随着技术的发展和审美意识的不断提高，人们开始注重身体前胸、后背和两侧的造型，于是将省道设置在前后及两侧四个方位来提高人体的立体造型，由此服装的三维空间清晰可见。到 16 世纪人们对人体美的夸张追求使得省的运用有了进一步的发展，服饰造型结构的复杂性提高了，省的处理也体现在不同的方面，女性的腰部造型成为审美的焦点。腰部强制性收缩使得胸腰差加大和造型贴体性更复杂，高度贴体的造型使得省的设置和运用的合理性进一步深化，尤其是前腰省的设置明确了省的出发点和截止位置（即胸点和腰线），两个腰省分别位于前中线的两侧，省尖位于胸点附近，省量大到足以消除胸腰部位的浮余量，达到胸部立体的造型特征和上半身紧身贴体的效果。经过数百年的实践，省的处理方法被不断应用与创新，对省道设置的合理性和美观提出了更高的要求，如单省道或双省道并列、省道转移等形式变化丰富多元，造型中的省以各种不同的形式不断地向着更合理的方向发展，塑造出了不同时代的贴体造型（图 2-3-3）。

　　根据款式的变化要求腰省可有不同的形式，可用原型倾倒和剪开折叠两种方法将腰省进行转移，在不影响造型的基础上可将相关的省转移到衣片的分割部位，形成多片状态。把省转移成为分割线时，可根据款式将衣片分割为两片或三片等。上半身省道转移成分割线的常见形态有公主线和刀背线分割。

2. 分割线的优化

　　利用上衣凸点射线与省道转移原理，常采用分割和收褶的形式来处理造型的合体性。分割线又叫开刀线，是指为满足造型的需求将衣身断开而形成不同的面之后又缝合的拼缝线。分割线即通过省道转移而获得的立体的断缝结构，即称连省成缝，具有合缝收省的作用。上半身造型上常见的分割线有公主线（Princess Line）、刀背缝（图 2-3-4）。合体的造型收取的省量较大，且要求分布均匀，因此通常将需要大省量的地方设计成破缝线，可延长省的长度，平缓造型曲面的变化。连省成缝是将不同部位的省通过分割的形式，将省量隐藏在分割线中，从上下或左右通过处理连接成弧线，形成拼缝的线条。比如前身衣片的胸省和腰省、后身衣片的肩省和腰省：前片的分割线经过乳点，利用省道转

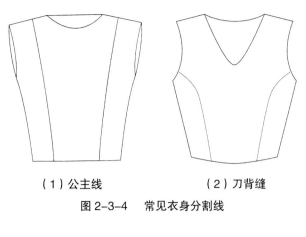

（1）公主线　　　　（2）刀背缝

图 2-3-4　常见衣身分割线

移法将前片全省并入前分割线中，后片的分割线则通过肩胛点，把后片肩胛省和腰省并入后分割线中，然后修整分割线。贴体的造型设计是将全部省量都处理在分割线中，并通过一定曲度的线相连接，连省之后将衣身断开而彻底分解成两个部分，最后左右拼缝。

直线和圆弧线及其各种不同的组合和变化，可以界定和描绘出任何可视对象，

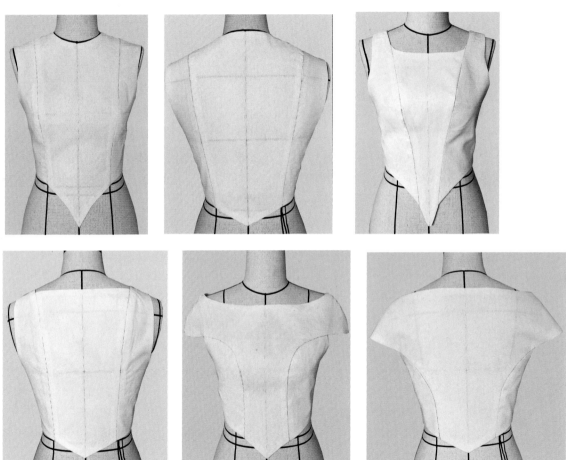

图 2-3-5　贴体型上半身的不同分割线的设置

并且可以产生无限多样的形式。分割线的设置在结构中属于细节部分，但对服饰整体造型和风格产生重要的影响。当分割部位确定时，线迹的呈现就不仅是功能性拼缝对合的直线或曲线，而是蕴含了设计师对造型的感知。这时的线即为"设计"，其形状、宽窄、长短、曲直等在造型细节变化中呈现视觉审美，改变分割线的线性形态或从单一到多元、平面到立体等的呈现形式，会产生视觉上的变化，在对服饰整体风格充分把握的基础上对其做到合理规划，可塑造出带有鲜明特色的造型形态。从分割线的线型分可有规则的直线型、曲线型、不规则螺旋线型，从分割线的形态方向上分可有纵向分割、横向分割、斜向分割、放射状分割等（图 2-3-5）。

19 世纪末的巴斯尔时期，高级时装设计师查尔斯·芙莱戴里克·沃斯（Charles Frederick

Worth）独出心裁地将省道转换成公主线，即在上半身衣身上剪出腰身和胸形对称的开刀分割线，用断缝的形式塑造胸腰曲线。公主线便因此而闻名。此后它常被运用于女装中贴身的礼服、合体的日常套装和裙装上（图2-3-6）。

公主线分割是女装上衣的一种纵向结构分割线，是女上装胸腰省的转移与延伸的结构线，其目的是合缝收省。它从1/2肩线点开始，往下通过胸高点附近并延伸至腰部甚至下摆的"一波三折"的体现女人体前身的曲线。其曲度大小与形状取决于人体的曲线特征以及造型样式的具体要求。使用公主线结构的上半身前后被分割成两片之后，再进行缝合，这在整体造型上解决了胸腰差的问题。西方服饰造型对上半身的贴合度要求很高，腰部的紧束加大了胸腰差的量，由此形成省量的加大，而过大的省量在塑型方面存在局限。因此，为塑造出更完美的身型，胸腰省通过转移后断缝形成不同的衣片，分割的曲线随人体起伏而平贴，线条平滑流畅，形状和位置在视觉上给人以优美的特征。

分割处理使造型贴体、优美而富于立体感，与收省一样能塑造出胸腰的贴体，可塑性较强，且打破了省结构的单一，比收省更能顺应人体的曲线。分割线的起伏转折、方位变化和组合运用，具有鲜明的造型效果。在造型中其丰富多彩的审美情趣和艺术韵味赋予服饰造型一定的艺术风格。

图2-3-6 公主线分割

3. 褶结构的多样化

褶作为常见的造型元素，具有三维立体空间的结构特征，因此结构性褶称之为褶结构，以区别于自然状态下面料随意形成的褶皱。褶结构具有省道、分割线的功能，起到省量余缺处理和塑型的作用，具有结构性和造型性的双重性质，其造型可产生丰富的视觉效应，起到修饰或改变人体形态特征的作用。古希腊古罗马时期服饰上呈现最多的是自然的垂褶结构，如天然羊毛织物通过在人体上披挂、缠裹或系扎固定，与人体产生多余的空间余量，形成具有明暗变化的立体褶饰，人体在自然的造型中若隐若现，层层深陷的厚褶显示出独特的艺术魅力。衣褶的数量、方向，以腰线划分的上下关系，以及服饰折叠后的整体造型都具有严格设定（图2-3-7）。

图2-3-7 古希腊和古罗马时期的褶饰

把转移后的省量以收褶的形式呈现在造型上，其作用与省道、分割线一样，目的是塑造合体的造型，只是在结构表现和视觉呈现上截然不同，进而造型效果也不同。它使造型更生动活泼而富有肌理感。通过折叠、抽缩、堆积、垂坠等形成多种线条形式，特点在于将多余的空间量通过一定的技术方法处理成具有立体空间的浮雕效果（图2-3-8）。历史上女装造型经过不断的尝试和创新，褶饰成为可替代省的塑造合体造型的技术手段，既解决了造型的合体性又增加了造型的装饰性，而且将大量规律的叠褶、抽缩褶、堆褶等，运用在胸部、腰头、裙身等部位，达到造型作用的同时也为服饰造型风格增添了更多的涵义。

图2-3-8 不同造型中褶结构的多样性

为了实现贴体且又具有肌理的效果，常将大的省量转成褶的形式运用在造型中，并在制作过程中把省量均匀地隐藏到褶结构中，同时当基本省量转移成褶量不足以形成一定面积的褶时，为了加强褶的装饰效果，需要通过切展增量的方法来增加褶量。历史上的服饰造型在上半身常采用折叠褶、抽缩褶、垂坠褶、堆积褶的形式来取代省道和分割线的合体造型功能，常用于处理胸部、腰部之间的曲度变化，以满足合体性的要求，同时以修改褶饰的大小和方向来配合改变的局部造型。以折叠褶和抽缩褶为例，上半身的合体造型常采用在胸部的规律折叠褶和抽缩褶来实现造型的合体和美观，将面料余量有规律地按行进方向进行折叠或抽缩，形成有明显折痕效果的褶裥，面料余量的多少决定了褶的深度、宽度以及面积的大小。

折叠褶指按规律和疏密一致的方向行进折叠，宽度、间隔相同且褶痕均匀，在外观上形成一条条连续变化的弧线。它主要有水平平行折叠、垂直平行折叠和斜向曲线折叠。在塑造胸部立体曲面时将胸省和腰省通过折叠而均匀地隐藏在结构线中，使造型表面平整，起到紧贴人体的塑型效果，真正达到褶从结构上代替收省、分割线的作用，并形成工整的褶结构状态，富有丰富的肌理效果（图2-3-9（1））。

抽缩褶是将面料平缝后进行抽缩，使面料产生具有强烈的布浮雕视觉效果的自然碎褶。根据布余量的特点，抽褶部位的设定常定位在前中线、侧缝线、领口或整个胸部等。领口抽缩是将胸腰部位的省量进行抽缩褶处理，以展现处理余量的功能性及抽缩褶纹的扩张感与凹凸变化。胸部多面积抽褶以前中、两侧为基本块面，从前中线、左右公主线处为基点抽缩，运用直线的缝制轨迹，将面料聚集、收缩、抽紧起褶，形成疏密均匀、具有一定装饰效果的贴体造型（图2-3-9（2）、（3））。

（1）胸部纵向折叠褶

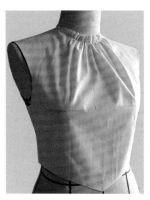 

（2）领口抽缩褶　　　（3）前胸抽缩褶

图2-3-9 贴体上半身不同褶结构的表现

在实际运用中，褶裥的形式与排列方法，褶的连续、规律、疏密、左右对称性，褶的线性肌理（如直线的严谨、曲线的生动活泼），褶堆积的蓬松、立体及垂坠的飘逸等，会因其技术处理过程中的手法娴熟、转换自然等因素影响而产生各种不同艺术风格美，呈现出褶结构的多样造型风貌。

二、造型结构的选择与组合运用

服饰造型通常在省道、分割线以及褶裥等结构体中选择其中一种作为主要的方法来进行发挥和设计。

1. 造型结构的选择——以波浪褶为例

以波浪褶作为主要的一种结构体，其外观呈曲线特征，造型优美生动，内部构造由波浪边通过抽缩、折叠、堆积或缠绕等方法形成，是在波浪边的基础上延伸、拓展变化的结构形式。它既具有波浪边的曲线构造特征，同时又具有褶的纹理。

波浪边（也称花边或荷叶边）指的是通过改变裁片内外弧差度值来形成的波峰与波谷的相互交错起伏变化的立体构造形式。它常定位装饰在袖口、领口、裙边部位（图2-3-10）。波浪边结构单一，但若经过抽缩、折叠、堆积等造型技术可以形成波浪褶，这样既保留了波浪边结构特点又具有褶的特性，其层次丰富细腻、造型效果独特。

（1）单一波浪边

（2）波浪边组合效果

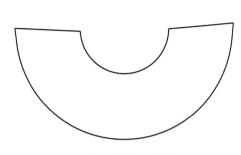

（3）波浪边裁剪图

图2-3-10 波浪边及波浪边纸样图

根据制作方法的不同，波浪褶又可以分为抽缩波浪褶、折叠波浪褶、堆积波浪褶。不同类型的波浪褶既具有各自的特点又互相联系，具有线形成面、面形成体的过渡特点。

抽缩波浪褶常采用的抽缩方法有直线抽缩和曲线抽缩。直线抽缩即波浪边采用直线的抽缩方法形成水平或斜向的褶边，常用在袖口、衣摆、裙摆等重要的部位。曲线抽缩即波浪边采用曲线的抽缩方法形成弧形的褶边，常用在领口或裙身上，可展现出蜿蜒起伏的夸张效果。

折叠波浪褶常用的折叠方法有横向折叠和纵向折叠。横向折叠又可以分为顺折（即朝一个方向折叠的单向褶）、对折（即工字褶形式）、两边对称折叠褶等。通常根据造型效果的需要来选用不同的折叠形式，比如横向折叠由于其是水平横向的形式，与造型局部的结构形式一致，常用在衣摆、袖口、裙摆等部位。

堆积波浪褶具有夸张的艺术效果，常装饰在服饰的裙体上，以追求错综复杂的曲线密集视觉效果，营造丰富的量感（图2-3-11）。

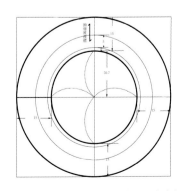

（1）波浪褶纸样图

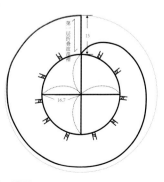

（2）直线抽缩

（3）曲线抽缩

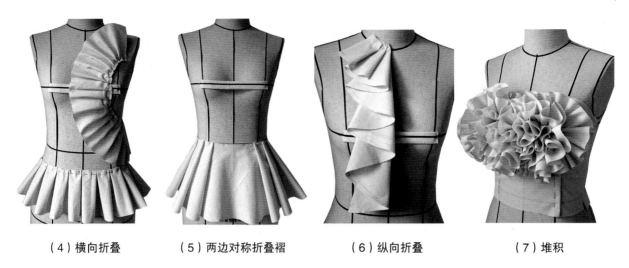

（4）横向折叠　　　　（5）两边对称折叠褶　　　　（6）纵向折叠　　　　（7）堆积

图 2-3-11 不同类型波浪褶的造型

2. 造型结构的组合运用——以波浪褶为例

波浪褶造型活泼生动，极具女性化特征，融合了波浪边的舒展和褶的肌理变化，呈现出具有疏密对比的生动纹理状态，运用在服饰造型上能使造型更加饱满，在层次感、体积感、空间感、量感上都有所提升。

（1）波浪褶结构的拓展变化应用

波浪褶结构可以拓展变化，即可根据设计效果的不同来加大或减少内外弧边长和边的宽度而形成多样的造型。通过内外弧边长差可以改变浪的起伏大小及褶的疏密。在组织上可以局部定位，也可以通过纵、横、斜向的排列和组合形成条状的装饰特征，或通过堆积、盘旋形成面和体的装饰效果。譬如，欧洲 17、18 世纪盛行的巴洛克与洛可可风格的服饰造型，强调立体和夸张，注重边缘的修饰，整体充满生气和律动，其中以大量使用波浪褶来塑造夸张的袖身或裙体最为突出。既可将波浪褶作为立体花边装饰在服饰的领口、胸部、肩部、衣摆、裙摆等关键部位，又可把它作为独立的造型元素来丰富裙体的设计，起到美化和修饰服饰造型的作用（图 2-3-12）。此后的浪漫主义时期和巴斯尔时期，波浪褶继续作为造型结构元素被点缀在裙摆、袖口、领口等部位，从古典式的规范与密集到 21 世纪后现代的矛盾与错位等，其变化多元，展现出了无穷的造型魅力，如韵律、节奏、平衡、起伏等，其独特的造型结构通过单一或群体组合等形式达到点、线、面、体的扩张，成为造型的亮点并丰富了造型创意。

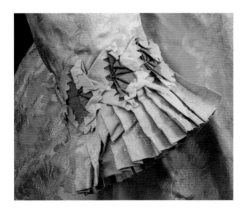

（1）袖口波浪褶

（2）裙底边波浪褶

（3）臀部波浪褶

图 2-3-12 装饰在不同部位的波浪褶

(2) 波浪褶的组合运用

设计思维的拓展（即空间想象力的延伸、空间的把握）需要结构的组织和编排，其强调元素之间的组合、连接穿插、重叠与相离等。波浪褶独特的结构特征使其通过宽度和长度的拓展，采用层叠、渐变、堆积、缠绕、扭曲、旋转、交叠等方法，以常规组合和非常规组合形式而轻易地达到体积感的扩张，获得夸张醒目的造型效果（图 2-3-13）。

（1）运用在不同部位的波浪褶的变化组合

（2）局部层叠组合波浪褶

（3）整体组合波浪褶

图 2-3-13 波浪褶的组合变化造型

抽缩波浪褶造型独特、结构精巧、层次分明，在其单一结构的基础上再做组合变化、排列，以规则的渐变组合形式将原本单一的结构变得厚重、立体，再结合前胸、肩部、领口等不同部位的特点做造型变化，可获得夸张的造型效果。而且不同类型的波浪褶也可通过不同的造型作为点材、线材和面材运用在服饰造型上，如将条状波浪褶多层叠加或排列而形成线性效果，如翻滚的浪花，规律而生动（图 2-3-14）。

元素的交替反复或连续应用是波浪褶形成一定装饰面的途径。多层波浪褶层层递减或递增，可形成一定规则的面，裙装上常用此形式来突出造型的韵律感，或者采用间隔不等的和不规律的连续波浪褶形成装饰面，其具有一定的变化，从而在造型表面形成丰富的装饰效果。由元素层叠、堆积或缠绕等形成的具有立体空间的构造，具有一定长宽和厚度，元素的叠加和组合会强化结构的立体感和厚重感，因此单一或不同类型的波浪褶的组合排列，都会将原本单一的结构变得厚重、立体，强化元素造型的魅力，达到醒目的视觉效果。因此通常在具有一定面积的服装局部或整体（如前胸、肩部、袖体、裙摆或大廓型的裙体等）做"体"的装饰，比如大廓型的 A 字裙通过裙体追加规律连续的折叠波浪褶，形成厚重的体积感，创造出雕塑般的结构体（图 2-3-15）。

图 2-3-14 波浪褶的多层叠加的线状效果

图 2-3-15 波浪褶的反复或连续应用而形成的面状效果

第三章 服饰造型技术

第一节 服饰造型技术的概念

在所有的造型活动中，技术与材料是同等重要的因素。从一定意义上讲，所有物的造型都是技术的产物。技术一词出自希腊语 lechne（工艺、技能）与 logos（言词、演说）的组合，也称技艺、法术，是人类在认识自然和利用自然的过程中积累起来并在生产劳动中体现出来的经验、知识和技巧。它也泛指其他操作方面的技巧或技能。

技术是解决问题的方法及原理。造型技术是实现造型的方法和手段，是体现艺术构思的重要手段。造型技术是服饰造型得以实现的保障。服饰造型受技术的限制，技术的发展推动造型的创新。造型发展史也是技术发展史。服饰造型是依据人体特征运用材料进行三维立体的空间塑造。它必须借助物质材料和技术手段进行切实可行的造型操作，如同绘画、雕塑一样讲究技术的运用。

服饰造型中所运用的技术包括手工技术和机器技术的总合，它具体指实现造型的裁剪方法、结构成型中纸样图形的操作以及缝制工艺等。服饰裁剪方法分为平面（平面裁剪）和立体（立体裁剪）两种方法。

立体裁剪直接以人体或人体模型为操作对象，可以塑造出如褶皱、折叠、缠绕等平面裁剪不能达到的特殊造型。西式传统的服饰造型，因其衣片形态的非常规性和复杂性，所以必须借助立体裁剪来直观、有效地实现和处理。

通过立体裁剪得到裁片的结构图形，可以掌握造型决定结构的技术理念。裁剪技术的发展和创新是服饰造型向多元化方向发展的重要因素。

第二节 立体裁剪技术

一、立体裁剪的概念

立体裁剪是相对于平面裁剪而言的一种裁剪方法，是完成造型和结构设计的重要手段之一。造型中衣片的非常规处理，如垂坠、交叉、扭结、披挂等形式，需通过立体裁剪实现。

立体裁剪是一种依照人体模型进行的造型手段，其方法是将布料（或其他材料）覆盖在人体或人体模型上，依据人体的动、静态特征及服饰用途，通过收省、分割、折叠、抽缩、拉展、缠裹、堆积等技术手段，边裁剪边用大头针别合布料，制成预先构思好的服饰造型。由于整体操作是在人体或人台上进行，其直观效果好，便于造型的发挥与修正、结构线的合理定位及服饰舒适性的准确把握，能快

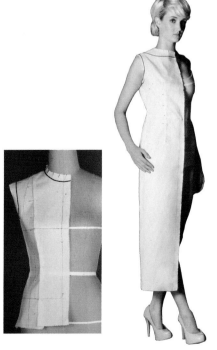

图 3-2-1 立体裁剪操作图

捷、直观地表达出服饰造型的构想，塑造出平面裁剪难以达到的造型效果（图 3-2-1）。

二、立体裁剪的发展状况

立体裁剪起源于欧洲，其形成是建立在服饰立体空间意识基础之上的，是西方三维空间思维和立体构型的结果。立体裁剪造型技术是随着西方服饰造型的不断创新而产生的。西方服饰史上把立体裁剪分为非成型、半成型和成型三个阶段，每个阶段都代表了西方服饰史的发展过程，并经过几百年来不断地继承、发展、改良、创新而形成今天人们所广泛熟知的现代化立体裁剪。

原始社会人类将兽皮、树皮等材料简单整理并在人体上进行固定，形成最古老的裁剪技术。古希腊、古罗马时期，人们选择将布料直接固定或缠绕于人体上，不存在结构分解，这在西方服饰造型史上被称为非成型阶段。

中世纪开始，欧洲服饰开始逐渐由以古希腊和古罗马为代表的古代南方宽衣造型向北方的窄衣样式演进，人们开始关注研究人体表面的结构特征，不断探索面料与人体之间的空间联系，从而在实践中逐步摸索出将布料直接覆盖在人体或者人体模型上进行裁剪制衣的方法，形成了立体裁剪的雏形。立体裁剪技术的发展使得服饰造型彻底转化为立体造型，立体结构设计理念也随之而形成，这一时期属于半成型阶段。

11、12 世纪的罗马式时代，在窄衣样式基础上为使服饰尽量与人体贴合，人们开始尝试将腰部多余的部分减去，采用半圆形的布料来迎合腰部两侧的曲线，并创造性地在侧摆处加入三角布来增大臀部的松量，赋予衣服立体造型最基本的样式。13 世纪的哥特式时期，随着西方人文主义哲学和审美观的确立，无论是男装还是女装都开始向表现体型的方向发展，造型开始强调人体的立体感，表现为收腰合体的三维造型意识模式超越了古代文明的自然造型模式，强调女性人体曲线的立体造型，形成了真正意义上的立体裁剪技术。这一时期被称为服饰造型的成型阶段，此阶段的造型方法作为西方长期以来最主要的服饰结构设计方法而被传承至今。

随后的文艺复兴时期造型观念和造型技术不断深入发展，扩展的服饰空间以紧身胸衣、裙撑及大量填充物的使用而收获了更加立体的表现效果，这种复杂的造型表现方式对造型结构和造型技术提出了更高的要求。立体裁剪也随之不断发展，从对造型合体性的高度追求，到寻求服饰外部空间的拓展而不断地获得技术上的提升。18 世纪初，洛可可时期的服饰大量采用浮雕感和立体感很强的立体褶饰、堆积褶等，形成了繁复造型的风格，而这正是得益于立体裁剪技术的成熟与完善。无论是其衣片结构的立体性构造，还是独特的褶结构元素，都闪耀着立体裁剪技术与空间构成思想的光芒。随后立体裁剪技术在复杂的造型结构中日趋完善，如斜裁（bias cut）的出现等，创造性地通过立体裁剪将服饰的结构设计与款式造型统一结合，实现了立体裁剪从主要复制或夸张人体到进行造型结构创新、研究更巧妙的裁剪手法以及创造更好的人体与服饰的关系的重要转变。从此，立体裁剪发展进入了新的阶段（图 3-2-2）。

20 世纪 50 年代，迪奥、巴伦夏加等设计师在造型上的探索以及对于立体裁剪的灵活运用，使得立体裁剪由一种单纯的结构设计方法转变为一种艺术性的创作方式。这不仅为立体裁剪带来了全新的应用拓展空间，也促使更多设计师关注服饰结构的精确，立体裁剪也在大规模的成衣生产之中得到不断的创新与进步（图 3-2-3）。直到现代，随着科技的进步与经济的发展，立体裁剪工具的不断改进与材料的不断更新，使得这一方法日趋成熟，在长期的实际应用之中逐渐形成了一套完整的操作方法与系统化的理论体系。

图 3-2-2 不同造型的立体裁剪

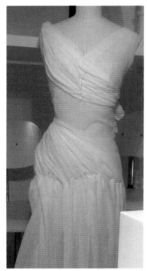

图 3-2-3 现代立体裁剪

三、立体裁剪造型实例——褶

不同的造型元素具有不同操作成型的技术特征。下面以褶的立体成型技术为例来讲解。

褶结构的类型有堆褶、叠褶、抽褶、编织褶、缠绕褶、垂褶、波浪褶等，其成型主要运用立体裁剪的方法，通过折、堆、抽、编等技术方法将面料平面形态改变，使其具有一定立体空间感的造型。其中以堆积、缠扰、垂坠的立体裁剪技术最具代表性。

1. 堆褶

堆褶即堆积成型的褶，是运用双层面料折叠所产生的空隙进行抽、堆的立体表现，具体是将面料从一个或多个方向挤压、不规则捏、堆积、排列，形成自然、规律、立体感强烈的褶皱效果。17世纪巴洛克时期，裙身和袖头普遍采用堆褶形成膨大的造型，以堆褶来增添体积感和夸张感。这种堆积具有强烈的对比美，如立体和平面的对比、肌理和光滑的质感对比，给人以蓬松柔和、端庄厚重的立体感。胸部立体堆褶采用单元式堆积法，从左至右规则地堆积进行，先将规律地折叠好的双层面料从下往上拉开，以产生足够的空间量，然后将展开面料的多余量进行从左至右的抽和推以起褶。褶的大小根据需要装饰的部位来设定，褶的形状呈现立体几何的不规则形状，褶的高度以 2～4 cm 为宜，过小显得琐碎平坦，过大显得粗糙臃肿。立体的褶渐次排列，起伏变化有致，渐进有序，整体具有立体浮雕的特点。在此基础上进行延伸变化，将整个胸部的堆褶演变成裙身大面积的堆褶，展现出堆褶独具特色的体积感。这不但塑造出了裙身别具一格的立体膨胀廓型，也强化了堆褶表现的体量感，具有强烈的立体浮雕艺术效果（图3-2-4）。

图 3-2-4 堆褶成型　　　　　　　　　　图 3-2-5 缠绕成型

2. 缠绕褶

缠绕褶表现出随意自然的线条感和衣纹效果，在体现服饰立体效果上具有别致的艺术魅力。腰部缠绕成型过程是：将预算好左右褶量宽度的面料进行规律地折叠或捏出褶痕，并把它固定好，然后将具有褶痕的面料在前腰处交叉并扭结形成左右缠绕的打结形态，拉紧面料，把左右腰侧缝固定并细致地整理出扭结部位的褶痕，使得缠绕后的形态整体体现出丰富的线条感。在操作过程中要始终考虑到扭结、缠绕的准确性，以及回旋面料方向的能力和最终成型的效果，使最后的造型效果富有雕琢的艺术趣味，增添造型的美感（图3-2-5）。

3. 垂褶

垂褶即垂坠成型的褶，源于以优美悬垂的线条来表现人体自然美的古希腊、古罗马，悬垂性的自然垂褶随人体的活动而展示出生动的层次变化，富有韵律，体现出西方服饰文化追求自然生动的三维立体雕塑之美。垂褶的重点在于运用面料的斜向丝缕纱向，在两个单元之间起褶，比如两点之间、两线之间或一点一线之间起褶，形成自然垂坠、疏密变化的曲线褶纹，具有自然垂落、柔和优美、弯曲流畅的纹理形状。垂褶通常运用在领口、后背、裙两侧等部位，在成型过程中需要保证面料斜丝缕方向的正确性，然后利用面料的悬垂性整理出规律的垂褶，在成型过程中严格控制褶的大小，尤其第一个垂褶，其大小会影响到后序的褶的大小。每推出一个垂褶后，要不断观察其形态，确保其丝缕方向不能有牵拉和歪斜的情况，以保证最后褶成型的准确度和美观度以及在固定褶的两端时褶的均匀度。褶的数量根据面料的长和宽预定，多层垂褶、褶与褶之间的间距要均匀。后背的低位垂褶的成型方法同前胸垂褶，需要注意的是其垂褶形态的整理以及肩部褶两端固定的平整，以体现垂褶的自然优美的特点。垂褶裙的成型要在制作前根据褶的大小和数量来准备面料，并使面料斜丝缕方向始终对齐人台侧缝线，前后垂褶同时进行，每个褶之间的褶量和间距要均匀，然后把褶在腰头分别固定住，褶的大小要控制得当，垂坠要自然，最后形成自然、舒展、流畅的曲线褶纹（图3-2-6）。

（1）前胸垂褶　　　　　（2）背部垂褶　　　　　（3）裙身垂褶

图 3-2-6 垂坠成型

4. 不同褶的组合

将各种褶进行组合，也可形成独具特色的造型效果，比如叠褶与抽缩褶、扭结与折叠褶、抽缩与垂坠褶、堆积与折叠褶、堆积与悬垂褶、折叠与缠扰褶的组合。根据装饰部位的不同做相应的造型处理，拓宽褶结构的形态特征，最终达到局部为整体服务的目的。比如以模拟自然物的形态和肌理为主题导向，以夸张的形式结合造型风格来表现，以"花"的结构和形态为造型表现对象，根据对"花"造型结构的理解，结合立裁的手法完成制作（图3-2-7）。

图 3-2-7 灵感来源：花

　　下面列举了一些进行折叠、扭转、缠绕等综合运用的实例，如把折叠的规律和缠绕的卷曲两者结合在紧身贴体的礼服造型裙中，运用在胸部和臀部的大面积、深浅不一地折叠而形成的空隙，进而旋转缠绕成立体花的形状，在整体对比中见统一（图3-2-8—图3-2-13）。

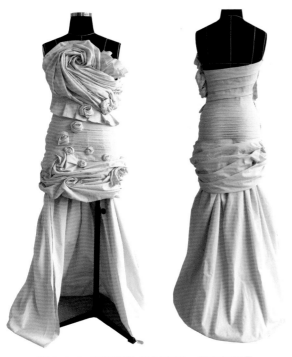

图 3-2-8　不同褶的组合造型：扭结与折叠

图 3-2-9　不同褶的组合造型：抽缩与垂坠

图 3-2-10　不同褶的组合造型：折叠与抽缩

图 3-2-11　不同褶的组合造型：堆积与折叠

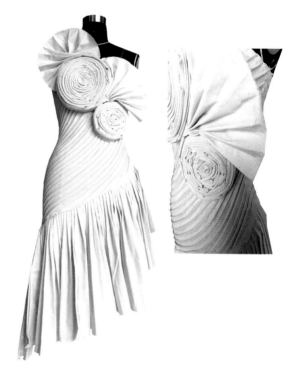

图 3-2-12 不同褶的组合造型：堆积与悬垂   图 3-2-13 不同褶的组合造型：折叠与缠绕

立体裁剪的目的在于快捷而又合理地获得优美的服饰造型并制作出精确的结构纸样，为结构设计奠定良好的基础。随着服饰造型个性化、艺术化的发展，无论是对裁剪经验的总结还是对人体体型的分析，都是以立体的人体和着装行为为基础来进行的，在人体或人台穿着时的形态下，观察、修正服饰的造型缺陷，以以人为本的设计理念，解决服饰结构变化的多样性与复杂性的难题。

第三节 结构成型技术

裁剪的目的在于把握结构。造型的样式是由平面纸样图形转化为立体的造型实践，属于结构成型。造型决定结构，结构成就造型。结构即裁片形态的纸样图形，其专业名词为样板或裁片。

裁片形态板型是服饰造型的基础和依据。结构成型技术是服饰造型的重要组成部分，是造型的延伸和发展，同时也是工艺设计的前提和基础。由服饰结构分解而来的平面衣片，通过工艺设计手段，从而实现立体形态的造型。

一、纸样图形的精确绘制

造型的基本形式体现在块面与块面之间"量"的分配，即裁片大小形状的变化，正是这些量决定了它们组合起来能形成一个立体造型。适用形体的差量处理裁片而塑造人体，体现立体造型的结构，从而产生不同造型变化以达到立体造型目的。以装袖的结构成型为例，改变普通装袖肩部的分割起始点、转换衣身肩部和袖头的余量，即可演变成新的造型结构，得到新的图形纸样。图形纸样的精确是服饰造型坚实的基础（图 3-3-1）。

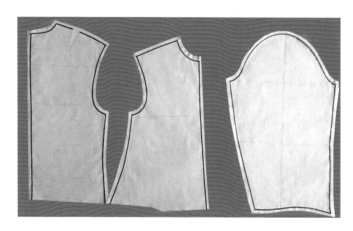

（1）普通装袖造型及其裁片形状

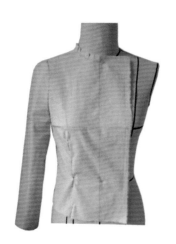
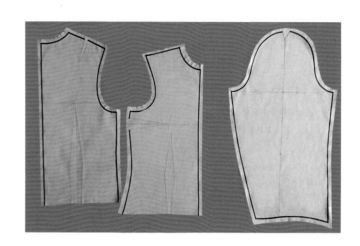

（2）入肩袖造型及其裁片形状

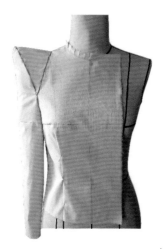
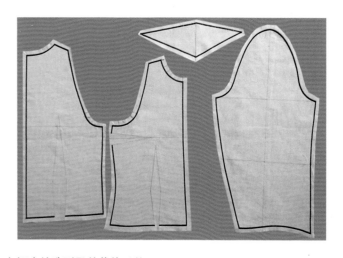

（3）翘肩袖造型及其裁片形状

图 3-3-1 不同袖型造型的裁片形状

二、纸样图形的造型实践

在造型实践中需要将不同的造型构思图纸化，从设计效果图到立体裁剪、拓样等环节，形成最终的纸样图形，从而为服饰造型的成型奠定良好的基础，最终制作出理想造型的服饰。

譬如造型主题为"洛丽塔遇上蓝胡子"。这组设计灵感取材自16—17世纪西式宫廷风，主要采用复古的宫廷风造型元素来体现造型风格。四套女装运用连体或上下分裁的造型样式，结合复古与现代的审美需求来达到整体的造型目的，具体运用到宫廷复古的泡泡袖、藕节袖、拉夫领、紧身胸衣等，造型结构上有多片纵向和横向的直线、曲线分割，不规则曲线抽缩褶、直线规则折叠褶以及波浪褶定位装饰，造型形式上采用中心轴对称、元素的反复和夸张。造型实践主要运用白坯布进行立体裁剪的方式获得图形纸样的方法，在制作过程中需把握整体与局部造型的协调、元素与元素之间的组合分配、结构设置的合理及难易等，将款式造型所确定的廓型和细节分解成平面的衣片，也就是结构制图，进一步完善各部位尺寸的准确性，表现细节部分的形状、数量、部位等整体与细节的关系，修正造型效果中的不合理部分，改正并转换结构不合理的部位，达到合理并完善造型设计效果的目的，为制作工艺提供系列、齐全的样板以及缝制技术要求、缉线方法等（图3-3-2）。

（1）主题灵感来源（作者：周璞）

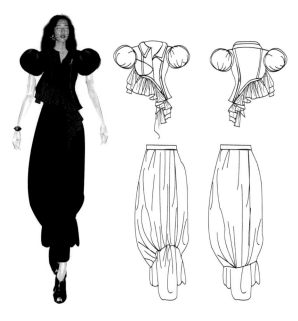

（2）样式 1 的造型效果图和立体裁剪着装

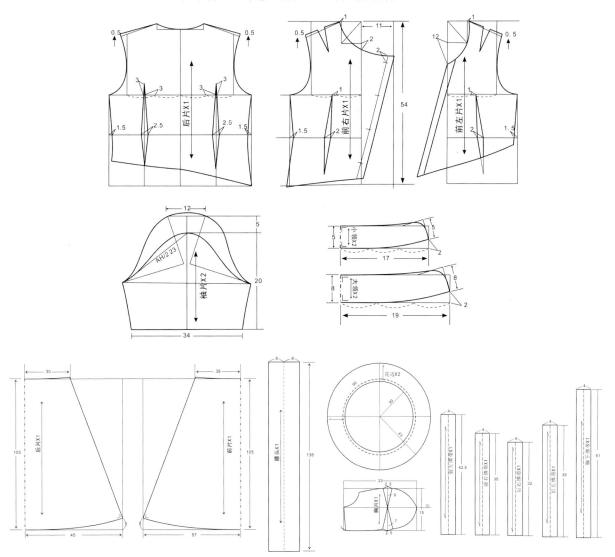

（3）样式 1 的纸样图形

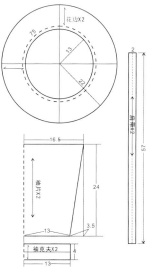

（4）样式 2 的造型效果图和立体裁剪着装

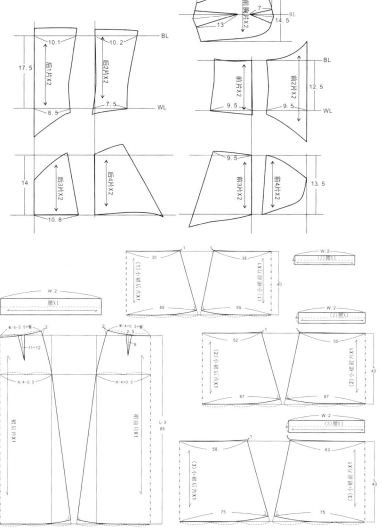

（5）样式 2 的纸样图形

（6）样式 3 的造型效果图和立体裁剪着装

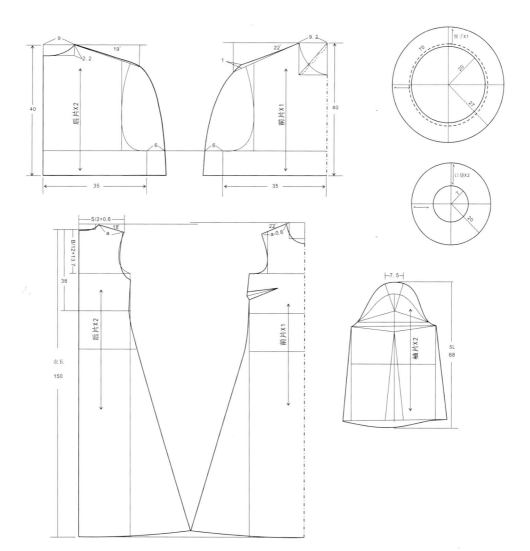

（7）样式 3 的纸样图形

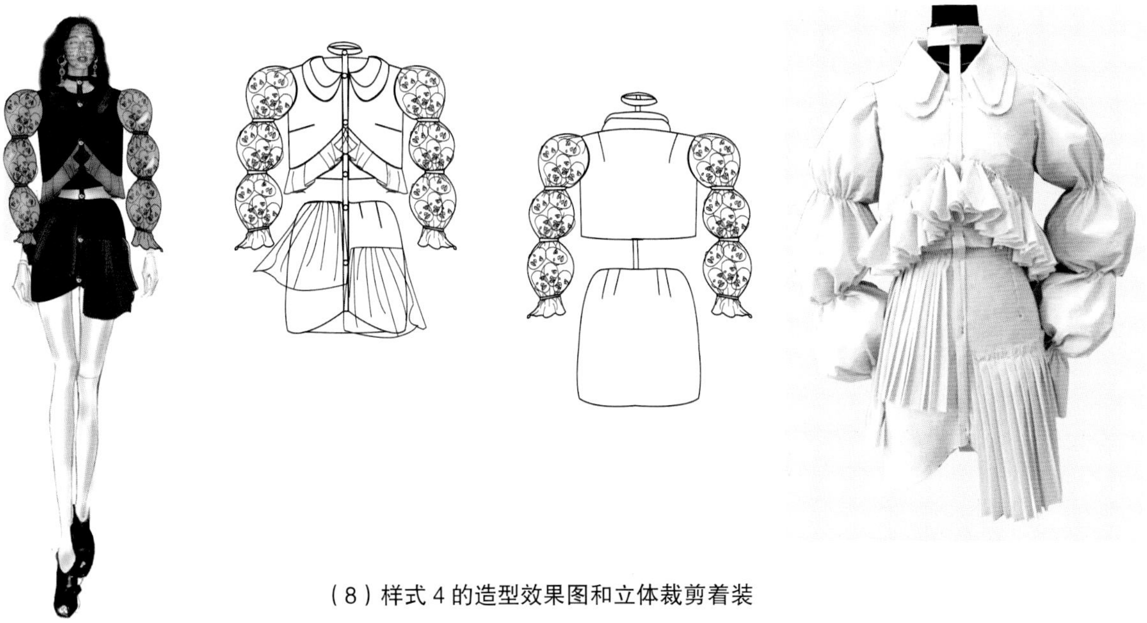

（8）样式4的造型效果图和立体裁剪着装

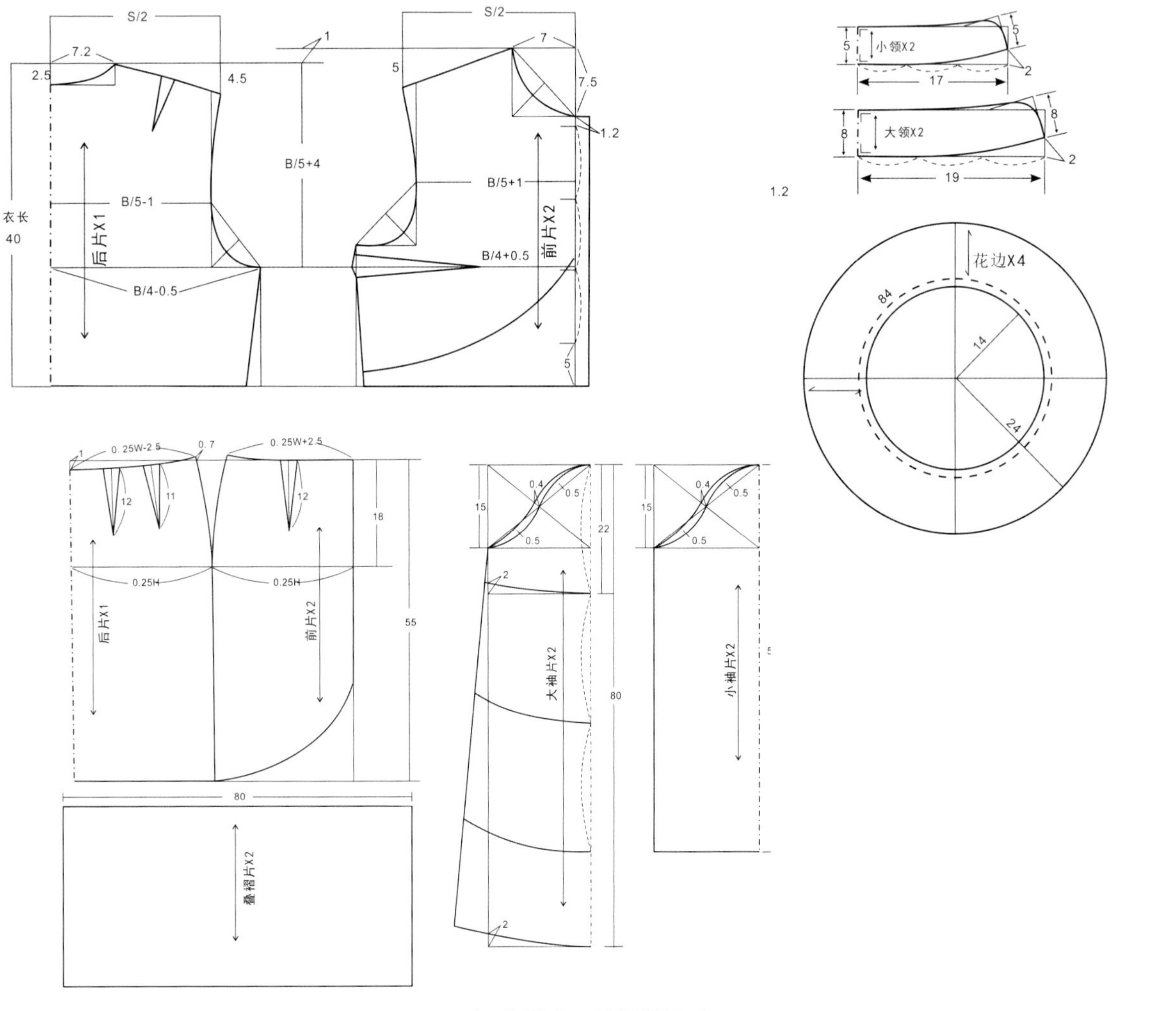

（9）样式4的纸样图形

图3-3-2 系列造型立体裁剪效果和纸样图形

　　服饰造型中的裁剪、结构成型是造型的重要组成部分，只有两者的有机结合才能完成最终的造型。此外，后续的材料选择、再造和工艺制作也是造型技术中重要的部分，在这里不做详细讲解。

第四章　服饰造型方法 1——几何形造型

第一节　几何形造型概述

造型方法主要指造型的灵感来源以及造型实现的手段。历史上造型方法主要有几何形造型和仿生造型两大类。进入 21 世纪后，造型创意依据人体特征在原来的基础上将几何造型和仿生造型手法不断发展、创新，并结合时代审美的需求，演变出更多丰富多彩的视觉形式。

一、关于几何形

几何形是由点、线、面构成的数学模型，源于西方的测地术，是解决点、线、面、体之间的关系的，其无穷无尽的丰富变化使几何形本身就拥有无穷魅力。几何形状是具体描述空间对象的外形轮廓，常用的定性描述如三角形、四边形等。几何形状可分立体几何图形（如圆柱、圆锥体、圆台等）、平面几何图形（如圆形、三角形、四边形等）。常见的几何形状有圆、圆柱、长方形、三角形等，同时它还有曲面几何形和平面几何形之分，因此几何化的造型廓型线通常也具有直线和曲线的特征。直线硬朗而简练，比如方型和梯型；曲线优美生动，比如圆型。任何造型的物都可以提炼与归纳成几何形的特征，用来描述其基本特征，比如人体的各个不同部位可概括成不同的几何形（图 4-1-1）。

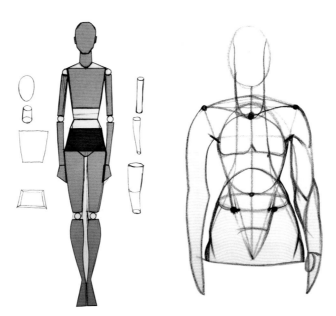

图 4-1-1　人体的几何形特征

二、几何形造型的特点

几何形造型因其单纯、明朗、富于机能性的特征，以及其和人体结构本身的对应性，所以从远古至今就被广泛运用在不同艺术造型领域。在服饰造型中，服饰廓型的立体表现是首先要完成的，而在这些立体表现中需要几何形造型艺术去支撑。体现服饰廓型的几何形有方、圆、椭圆、三角等形。

例如文艺复兴时期，衣身造型由上下两个形似三角的组合而构成完美的 X 型，腰部前中央呈尖锐的倒三角形，大而圆的拉夫领，由上到下、由小到大的圆锥形裙身，内部采用纵向的直线分割或褶饰构成，服饰整体呈现出僵直、硬朗的夸张几何形造型（图 4-1-2）。

图 4-1-2 文艺复兴时期具有几何形造型特点的服饰

第二节　建筑艺术的几何形特征

如同建筑中广泛运用几何原理一样，服饰造型深受建筑的影响，灵感来源于建筑的服饰造型层出不穷。建筑是凝固的音乐，服饰是流动的建筑，作为同是三维立体构筑的空间造型艺术，服饰造型中运用的纵向延展线条感的立体褶裥，以圆形、方形、三角形为主的几何形造型结构，其呈现的对称、夸张等形式美都与同时代建筑艺术的造型手法一脉相承。西方服饰的演变自古希腊和古罗马时期起，到中世纪、文艺复兴时期、巴洛克和洛可可时期，期间的建筑造型的理念、外观特征和运用手法几乎都能在服饰造型上找到契合点。直至当代，建筑和服饰的相互影响也无处不在。

一、建筑艺术几何形特征的表现

建筑艺术中结构的几何化以及几何化组合连接是重要的表现，其外在轮廓和局部造型常体现出方、圆、三角等不同的几何形造型特征，体量与精确的形式赋予其造型非凡的力量感。建筑对几何形式的运用，一方面反映了古典主义传统的深刻影响，另一方面又表达出简洁明快的特征。

建于公元前 2000 多年的金字塔，外观呈等腰三角形，在三维上呈三棱锥形。古希腊三角形的山墙和矩形的柱式，影响了西方建筑 2000 多年。19 世纪末期，新古典主义建筑直接模仿了古希腊神庙的三角形和矩形的几何形结构。罗马建筑的简单几何形造型，归结为圆形加矩形且中轴对称，集中体现在拱门、圆顶、拱券等结构上，其对称单一的巨大几何体量以及光洁的无装饰的同一质感的外表，形成了神圣与肃穆之感。

文艺复兴时期的伟大革新，在建筑上表现为重视几何形体（如方形、三角形、圆柱形等）的应用，通过重组、叠加而创造出理想的形体，形成一种具有平静优雅的沉稳气息。它对几何形进行的组合与处理，并由此衍生出相应的建筑构件，追求生动的可感知的形象（图4-2-1）。

在古典柱式的比例、半圆形拱券、以穹隆为中心的建筑形体等传统基础上不断进行创新，并在此后的建筑结构方面精确运用几何原理，使造型比例均衡且适应时代的需要，对几何图形的运用表现在外立面上仅施加一些适度的装饰，使用规则的图形（如半圆拱、对称性的矩形、正方形和圆形）进行设计。而20世纪的现代建筑更倾向将基本的几何形加以重叠、分离、变形，以达到更加简洁、富机能性的效果，借助几何形体来界定表达空间。

（1）古埃及的金字塔

（2）古希腊的埃及达罗斯圆形剧场

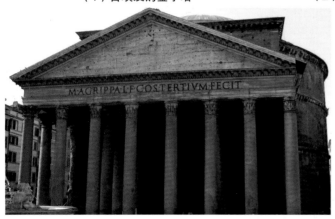

（3）古罗马的万神庙

（4）10—12世纪的意大利比萨大教堂

图4-2-1 不同时期的建筑造型

二、灵感来源于建筑艺术的服饰造型

古希腊建筑纵向垂直的柱式结构和柱式纹理，同服饰造型中褶裥的纹理如出一辙，用建筑和大理石雕刻培养出的三维空间观念在服饰文化上也体现得尤其充分。在其影响下，服饰造型呈现出简练、单纯、自由、舒展的特点，构成简单质朴，以独特的丰富优美的衣褶为特征，层叠有序、线条流畅。

例如，哥特式建筑精致、繁复，外观高耸挺拔、轻盈、富丽、精巧，造型结构中利用尖肋拱顶、高挑的天顶、尖耸的拱门、飞扶壁、垂直线立柱（笔直的立柱）和锐角，营造出轻盈修长的冲入云霄感，其尖塔、尖形拱门、彩色玻璃镶嵌的花窗等元素异常醒目。新的框架结构以增加支撑顶部的力量，予以整个建筑直升式线条、雄伟的外观和空旷的内部空间，并结合镶着彩色玻璃的长窗，使教堂内产生一种浓厚的宗教气氛。在造型上哥特式建筑的主要特征是高且直，是"期望的、祈祷的"，它将罗马教堂的十字交叉拱和骨架券以及7世纪阿拉伯建筑的尖顶券等特征融合在一起，虽与古罗马时期的大且圆的建筑截然不同，但是在其基础上发展创新而来的新风格。一是尖肋拱顶，即尖拱，是哥特式建筑风格的最典型特征，是将罗马建筑的圆筒拱顶改为尖肋拱顶（pointed arch或Gothic Arch），将单拱变双拱或交叉尖拱（即一种对角线在拱心石相交的拱框架），其作用是支撑拱顶。二是飞扶壁（flying buttress），也称扶拱垛。它是一种原本实心的、被屋顶遮盖起来的扶壁，哥特时期将其露在外面，因此称为飞扶壁。在扶壁技术中斜撑技术的巧妙运用成就了高耸的哥特式墙体，其造型轻盈美观、高耸峭拔，形成了整体建筑轻盈高耸、向上飞升的动势感。哥特式建筑外在表现为教堂建筑有尖尖的拱顶与拱门、许多垂直形状的线条等，高耸挺拔且精巧轻盈，体现出中世纪的造型理念、手工业技术水平以及封建教会对神秘气氛的追求。

哥特式教堂的内部空间高旷、单纯、统一，其建筑风格与结构手法形成一个有机的整体。在内部结构上主要用到骨架券、束柱（beam-column）、十字平面。作为拱顶的承重构件，骨架变化丰富，使建筑向更高的空间发展。柱子多采用束柱，横截面看起来像朵花，从立面看多根柱子合在一起，柱子不再是简单的圆形，强调了垂直的纵向线条。用壁柱来支撑拱顶，壁柱与壁柱之间的圆拱结构为巨大的玻璃彩画窗提供了足够的空间，不仅成为用来支撑上层结构的重量，而且起着围拢内部空间和为窗户提供框架的作用。教堂内的壁柱，其结构也不尽相同，有八角形的也有圆柱形的，不同形状结构的每一组壁柱在光线照射下会产生有变化的、奇异的审美效果。中殿两侧有结构对称的侧廊，内部十字架型的平面结构扩大了祭坛的面积。此外，门的造型层层往内推进，并刻有大量浮雕，色彩丰富的玻璃镶嵌画作为室内装饰，再加上光与影的变幻，形式富丽、大胆，极富艺术性的效果。所有的装饰共同营造了一个具有神秘感的空间（图4-2-2）。

哥特式建筑的造型思维和结构元素也被巧妙地运用到当时的服饰造型中。服饰造型上建筑结构的立体化和向上延伸的空间意识表现得尤为清晰。服饰造型引用建筑外观，无论是在样式还是在造型的

（1）高耸挺拔的外观　　　　　　　　　　（2）尖形拱门

（3）飞扶壁　　　（4）内部交叉尖拱　　　（5）内部十字交叉拱　　　（6）玻璃彩窗

图4-2-2　哥特式教堂建筑的外观和内景

空间意识及造型方法上，都进入了一个新的阶段。在整体造型上对哥特式建筑的追随，服饰造型渐趋合体性，出现了三维空间的窄衣造型，在外部空间形态上与人体的对应更加明显，在塑型气势上具有高且直、往上拔的气势（即高耸挺拔），外在形体修长，具有空灵、纤瘦、高耸等特点。服饰中大量垂直线分割线以及纵向褶饰的运用，使造型显得极为高耸挺拔。

比如，女装造型上轻下重，体现为上装紧身合体、下半身裙子宽大的连体式，形成一种类似于教堂尖顶的圆锥状造型。上装的省道采用同建筑中三角形的造型结构原理，去除胸腰差形成的浮余量，从而确保每一个裁片都是为了造型空间的合体需要，进一步完善了雕塑般静态美的空间造型（图4-2-3（1））。下半身裙摆的扩大是

（1）上紧下松的裙装样式

（2）胸腰差形成的浮余量构成

（3）夸张的裙装造型

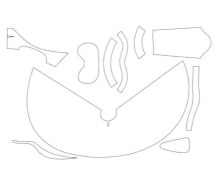

（4）下半身裙摆扩大形成的纸样图

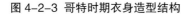

图4-2-3 哥特时期衣身造型结构

采用多块三角布从纵向构成增加插片，使裙摆呈一个圆弧形，加大裙身体量，形成纵向的褶饰（图4-2-3（2））。在三维立体空间塑造中用方形、圆形、三角形、垂直线等几何形造型去支撑外轮廓框架和内部造型结构，服饰造型整体表现出类似教堂建筑外观修长的特征。

在配饰上具有代表性的是波兰那（Poulaine）和汉宁（Hennie）。波兰那是与哥特教堂尖顶造型相呼应的鞋子，以尖为美，以长为贵，造型夸张。汉宁为女帽，其造型特点为高耸的圆锥形帽顶，尖尖

图 4-2-4 哥特时期的服饰造型

的造型与哥特建筑的尖顶有着异曲同工之妙，且富有宗教意味，其尖顶高低不一，有的还有双尖顶。帽子上的装饰边一直延长到肩部，在帽子外面罩着一层薄的白纱，纱从帽顶上垂下来，并悬挂着长长的飘带，给人轻盈向上、笔直挺拔、高耸的教堂建筑般的艺术效果（图 4-2-4）。

第三节　服饰局部几何形造型表现的代表

西方服饰属于构筑式的立体造型，把服饰的各个部件分开裁制后再通过接缝线组装到一起，因此服饰造型除重视整体的轮廓外，构成整体美的局部部件如领、肩、袖、腰、裙等尤为重要，而局部几何形造型的表现以圆形、方形、三角形为代表。

一、圆形拉夫领和方形披肩领

文艺复兴时期服饰造型理念是以填充物使局部凸起的夸张样式来吸引人的眼球，应运而生的独立制作与独立使用的圆形褶饰领"拉夫"（Ruffle）出现在男女服上，并成为一大流行。拉夫领子高达耳根，硬挺而巨大的车轮状圆形成环状地套在脖颈上，使得头无法自由活动。这是人们强制性地使自己表现出一种高傲、尊大且不可一世的姿态：正襟危坐，头被高领固定住，人为制造一种高傲的姿态，形成贵族风度。拉夫领成为文艺复兴时期的具有时代性的服饰标志，从 16 世纪一直流行到 17 世纪，是文艺复兴时期的一种独具特色的服饰部件。

拉夫领即轮状皱领，是独立于服饰之外的一种领饰，法语称之为"夫莱兹"（Fraise），西班牙语称之为"克略泽"（Krose），由褶皱的波形花边构成。1560—1640 年期间拉夫领成为了欧洲贵族男女服装的典型特征。拉夫领早在德国风时期就已出现，和服饰一体的褶饰连接在内衣高领的领缘上，到西班牙风时期领部的装饰才出现极大的变化，使原来附属于衣身的领子独立出来，成为独立制作的可以拆卸的部件。拉夫领出现后贵族们立刻争相效仿，很快传遍欧洲各国，并成为这一时期男女服饰重要的装饰元素以及欧洲宫廷身份的象征。随着流行的展开，拉夫领的形状越来越大，轮状细褶皱领的夸张立体圆形与平展的或者衬垫的衣领形成鲜明的对比。拉夫领于 1540 年左右开始成为时尚，开始时只超过下颚几厘米，但已经让头部的活动受阻，因为僵硬的花领衣边前面触及下巴，两边碰到耳朵，往上一直升到后脑勺，至 17 世纪初不断发展成为了磨坊水轮般的形状（图 4-3-1）。

图 4-3-1 圆形拉夫领

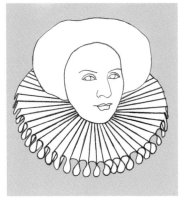

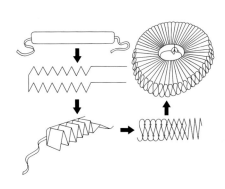

图 4-3-2 拉夫领的造型特征

拉夫领外观呈车轮状，由呈"8"字形的连续褶裥构成，夸张而奢华，具有几何形建筑的空间造型特征，常采用上过浆的布料或硬质白色蕾丝与真丝制作，其质地十分硬挺。传统的拉夫领制作过程非常繁琐，需采用特制的工具和材料，经过裁、折、烫、定型等多道工序来完成造型。其造型特点在于：构造形态的夸张与重复、"8"字形的连续褶裥以及元素的重复形成一定的体量感，具有立体几何的简洁；利用角的转折制造立体造型，利用不同角度折叠的方式可使其延伸出一种不同的造型外观。布料具有一定的硬挺性，可将此类折角造型凸显出来，同时由于常用白色，与整体的深色服饰形成对比，形成了局部突出的亮点而引人注目（图 4-3-2）。

拉夫领夸张硬挺，影响人的正常生活（如饮食极不方便），后来出现了把下颌处空出一个三角形的拉夫领，在伊丽莎白一世时期还盛行"伊丽莎白领"，即一种前开式、后颈处高耸的扇形领饰，像打开的折扇，把拉夫领向左右打开并在颈后竖起。爱好时髦的女性为了仍然保持最初那种低敞领露胸的样式，就在敞领上用轻薄透明的面料遮住肩胸，并与脖子上的拉夫领连接起来，形成一种特殊风格的领饰（图 4-3-3）。到巴洛克时期，服饰的生动活泼取代了文艺复兴时期的生硬僵直，高而硬挺的拉夫领不仅僵硬地垂下来，最终直接被平披在肩上的花边方形领取代。

图 4-3-3 前开式、后颈处高耸的扇形领饰

　　在巴洛克风格服饰初期，拉夫领在女装中仍然有着非常重要的地位，领子的形式依旧秉承着在后颈处高耸的上面装饰着蕾丝的扇形样式，这也为在巴洛克时期流行的蕾丝大披肩领奠定了基础。男装中则直接采用蕾丝式大领子——拉巴（Rabat）。在拉夫前颈点打开且往下垂成"倒拉夫领"，之后向大翻领过渡，最后形成披在肩上且带花边的方形大翻领"拉巴"。它也称披肩领，史称"路易十三领"或"凡·戴克领"。拉巴领拉开了巴洛克时期的序幕，初期的拉巴领宽大、平整，像佩戴项圈一样可卸下，与衣物不相连，由亚麻线钩织。1620年开始，它与衣身领口相接，并用轻薄的蕾丝制作，形状为方形（男士的更为方正）。最终形成的披肩领改进于拂子（Whisk，即平整宽大的方形轻薄版拉夫）和倒拉夫领（falling Ruffle），用蕾丝或缎面制作，呈方形披在肩上，装饰在罩衣与衬衣上，并一直流行到17世纪后半叶克拉巴特领巾出现之前（图4-3-4）。

图 4-3-4　方形披肩领及纸样图

　　巴洛克时期荷兰风时代的披肩领，到了浪漫主义时期又以新的形态结合不同样式呈现出独具特色的造型风格。一种是秋冬穿的前开襟式大披肩领，后背整个盖住上半身和肩部，另一种是开低的V形平领口且外侧接宽大的、盖过肩膀的翻领。此时的披肩领完全实现了包肩的立体造型，平伏在宽大的羊腿袖或泡泡袖上，起到了拉宽肩部的视觉冲击力的效果（图4-3-5）。

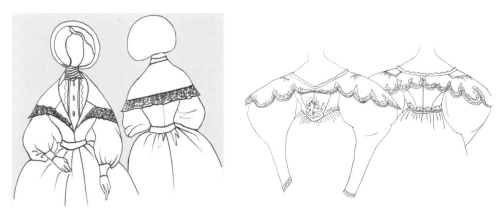

图 4-3-5　浪漫主义时期的披肩领

　　披肩领是翻折领的一种特殊状态，从外观上来看无领座，领子平贴在肩部上，其造型原理为一片领形式的领底线下弯曲度逐步与领窝曲度达到完全吻合的结果，使领座几乎全部都变成领面而平贴在肩上。披肩领领面的形状大而开阔，领角通常为方形，采用蕾丝或绸缎等材质制作，领面边缘还可以做成凹凸不平的锯齿状，或添加边缘装饰，具有华丽轻盈的效果。从前面看它平贴前胸且包住肩部，从后面看它整个盖住上半身，在视觉上有拉宽肩部的作用，不但具有领子的基本造型功能，同时还具有披巾的作用，为服饰的整体造型起到对比的效果，独具美感。

二、圆肩造型和方肩造型

在服饰造型史上肩部的造型变化对服饰风格的变迁起着非常重要的作用。文艺复兴时期男装在肩部填充絮料来夸大男性肩袖部位的轮廓，强调厚重有力的阳刚之气；20世纪40年代以宽大垫肩结构体现女性硬朗的男性化风貌；20世纪50年代女性化的 X 型常采用圆肩造型来体现整体造型的优美。

肩部轮廓的塑造可方可圆、可宽可窄，几何形化肩部的造型形式主要有横向延伸的方肩、自然过渡的圆肩以及分割起翘的翘肩。

圆肩指的是肩部圆顺柔和，整体形成自然的弧形，局部圆肩是形成整体 O 型、茧型的重要因素。圆肩造型采用落肩袖、连肩袖和插肩袖来呈现，其肩点下落随着圆柔的肩线顺滑下去，自然的过渡，具有温和柔美的效果（图4-3-6）。

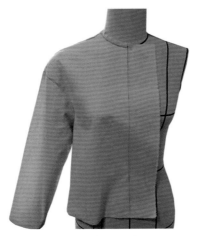

（1）落肩袖原型

（2）插肩袖造型

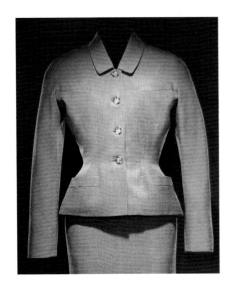

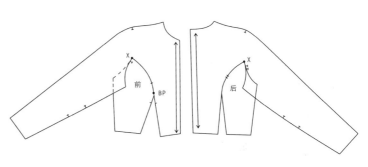

（3）连肩袖造型及结构纸样图

图 4-3-6 圆肩造型及纸样图

　　方肩造型主要从肩线宽度对服饰肩部进行造型结构的变化，以肩端点为中心的肩部空间可衍生出无数的肩部形态。肩端点是肩部延长线的方向和肩部向上增高的方向的交点，提高或延长肩线可使肩部宽阔、平整，硬朗如同方块，通过高度和宽度的扩张形成方且平直的特征，强调坚挺、刚强。方肩风行于 20 世纪的 30、40 年代，女装借用男装的廓型思路，服饰造型的重点从腰臀部转移到肩部，延长肩线并加垫肩形成方肩造型。军装风格的宽肩女装在 20 世纪 40 年代初形成，夸大的肩部外形线给

（1）方肩造型

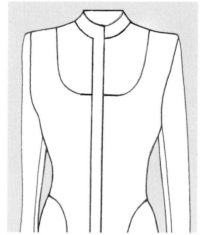

（2）20 世纪 40 年代方肩造型

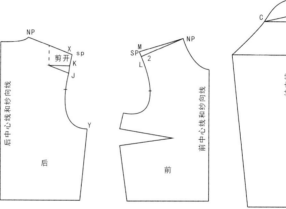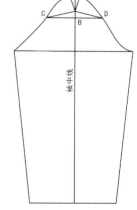

（4）方肩造型结构纸样图

图 4-3-7　方肩造型及纸样图

优雅秀丽的女装带来全新的中性化气质。从 20 世纪 80 年代的方肩职业装到今天的宽肩时髦中性风女装，在造型技术上不断拓展，其凌厉的宽肩造型和男装化的结构线条塑造出职业女性的干练（图 4-3-7）。

　　21 世纪强调肩部等雕塑感极强的立体结构造型元素依然是服饰造型中的亮点，但不似 20 世纪 80 年代那样只求宽和厚，而是采用多元的造型技术体现其立体造型，亦或是在肩部添加立体装饰，整个造型显得凌厉且气势逼人。

（3）20 世纪 80 年代方肩造型

三、三角形腰线

三角形是造型中比较常见的几何形，具有对称和平衡的特性，使用恰当可以更好地美化和塑造身形。紧身束腰裙出现在16世纪的文艺复兴时期，女裙的构造成上下分离、独自剪裁的二部式，出现了连接上下的腰部接缝线。紧身束腰的裙腰部接缝线处于人体腰部最细位置，整个位置及量感的分配对强调腰部的 X 型具有重要意义。为了突出细腰，腰部接缝线呈现极端的夸张形态，常采用似倒三角形的 V 形线，即衣身前中心呈尖锐的三角形，且三角形尖角底端越过腰际线呈倒三角形下垂，由此在视觉上显得更集中、纤细，从而进一步强调细腰。到19世纪初的浪漫主义时期，女性化的 X 廓型更为夸张和鲜明，细腰更为突出，衣身前中心的腰部接缝线呈极尖的锐角三角形（图 4-3-8）。

图 4-3-8 不同程度夸张的三角形腰线

三角形腰线具有收缩腰部的造型功能，是女性化的造型。束腰造型的女裙在20世纪50年代重新流行，以现代复古的新面貌呈现在大众眼前：腰部纤细，三角形腰线逐渐退出舞台，取而代之的是简洁明快的水平腰线。但在现代礼服上仍然保留着三角形腰线的经典造型，成为复古元素的经典代表。

四、圆蓬裙

圆蓬裙也叫圆台裙。由于裙撑的几何形状特点，裙身整体呈现出管锥状几何形的夸张造型，主要以圆形为主（图4-3-9）。为了适应裙子的膨大化，外裙的处理采用大幅宽裙片或数片拼接的裙片来组合裙身，由于腰、臀围度的差量，腰部通过打疏密不同的褶裥而形成合体的造型，裙身则通过内部裙撑的支撑来撑开细密的褶裥而形成圆蓬轮廓，裙下摆自然垂落展开后形成阔摆的造型。

　　大型圆蓬裙裙型可以是正圆、椭圆、扁圆或前平后圆等形式，这与不同时期的裙撑形状相关，比如文艺复兴时期呈现圆椎形的裙撑法勤盖尔（Forthingale）、洛可可时期呈现向两旁撑开的裙撑帕尼埃（Pannier）、新洛可可时期呈现圆台形的裙撑克里诺林（Crinoline）等。裙撑造型从上至下、由窄到宽、一层层搭造，最后在最底层形成一个最大的圆，并在裙撑的作用下裙身呈现均匀的圆形。裙身从腰部收紧，然后逐渐展开至裙摆，中间蓬松，造型立体而夸张，裙长及地，前后等长或前短后长。圆形是肩部和裙身塑造轮廓常用的几何形，特别是裙身轮廓。圆形造型具有简洁、圆润、光滑的特征，突出了女性的活泼和可爱。

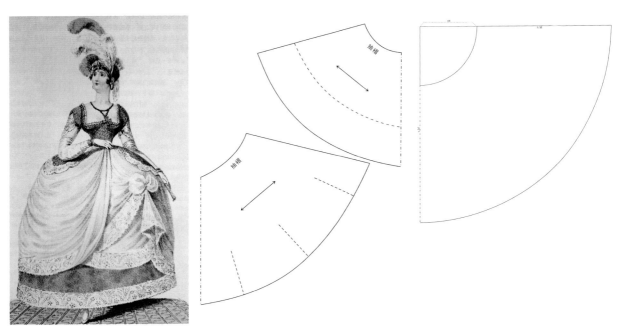

图 4-3-9 圆蓬裙造型及纸样图

　　除了裙撑在内部支撑裙型以外，裙身面布的处理则是通过省道、褶裥、分割线等形式来达到上小下大的立体造型。以省道为主的裙型，通常将腰臀差处理为省量以达到腰臀部合体，或者将腰臀差的浮余量做收褶处理，通过褶裥量的增加、分割线的使用将省道处理为连省成缝，以分片结构再将不同裙片拼合，以达到造型的目的。收褶处理为常见的方法，是通过不同疏密褶的使用，以等距或不等距的形式，改变褶饰的大小和折叠方向来配合裙撑造型。抽缩褶、折叠褶、堆积褶、悬垂褶等为常用的褶结构造型，多褶裙、层叠塔裙和多层次堆积褶裙是最为常见的用来塑造不同圆形裙身的表现形式，其收褶方式或纵向均匀抽褶、或折叠褶沿腰部一周、或沿前中心左右对称纵向折叠或抽缩。层叠塔裙为裙身面布像宝塔一样多层反复层叠，常用波浪边或波浪褶结构造型，从窄到宽、从小到大渐变层叠。多层次堆积褶裙的方法有多种变化形式，这里主要讲两种。一种是将裙摆的边缘向上堆褶后每隔一段距离扎系，使裙摆形成弧形帷幔且下面露出垂坠的衬裙，或者在裙身的局部（如下摆）做立体褶饰、面料的缝缀再造等，增加裙身体量上的立体感和夸张感。另外一种是前开式，左右两边对称堆积、抽缩、折叠或垂坠起褶，形成饱满的三维空间立体造型，露出中间和下半部的褶裙。褶的立体空间形态具有加强裙身的体量感的作用，具有丰富的肌理感和造型特征，从而不至于使大面积的裙身显得单调与平滑，

（1）裙身褶饰　　　　　（2）文艺复兴时期裙身褶饰

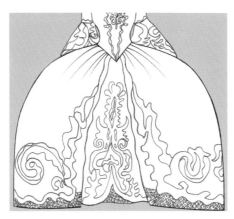

（3）洛可可时期裙身褶饰

（4）新洛可可时期裙身褶饰

图 4-3-10　圆蓬裙裙身褶饰的不同造型变化

　　而是在视觉上因褶的疏密、连续、规律、对称等形式而产生华丽、浪漫的造型效果，具有一定的观赏性（图4-3-10）。

　　圆形裙在造型上由于采用几何形，其形式上对称而稳定，具有简洁、饱满、圆润的特征，呈现的造型轻松、自然、活泼。圆蓬裙发展至今，已演变成了各种小圆、大圆、中圆的裙身造型，其风格不一，并成为了时尚的经典样式。

第四节 服饰整体几何形造型的代表

除在局部以外，几何形造型在服饰轮廓上也有突出表现。常见的服饰轮廓几何形造型有方形、梯形、圆形、三角形等造型。其中以中性化的方形造型最具代表性，其外观简洁、实用，男女皆宜。

一、方型

方型包括长方形和正方形造型，服饰上常用前者，因此服饰上的方型就是指 H 型，是指在外轮廓造型上肩、腰、臀三者等宽的直筒型。其特点是放松腰线、不收腰、不放下摆，以肩端点为支撑点的直身形，具有中性化的外轮廓线条。H 型是男女通用的廓型，具有模糊性别的休闲、简约特征。H 型服饰具有修长、简约、宽松、舒适的特点，结构简单且功能性强。

1. 方型产生的时代背景

20 世纪 20 年代是一个充满革新的时代，社会生活环境发生了巨大的变化。电器和汽车时代的到来，生活节奏的加快，越来越多的女性作为劳动力补充而进入劳动力市场和社会各个部门。然而女性在工作领域中受到的不平等对待现象屡见不鲜，世界范围的女性解放运动又一次掀起高潮，导致男女同权的思想在 20 年代被强化和发展，女性的政治、经济地位有所提高，其个人生活包括服饰着装、社交等有更多的自由。新女性开始去除过去的枷锁，大胆地追求新的生活方式，如跳舞、运动、开车旅行成了日常生活中的主要内容。在娱乐化的时代大背景下，社交界各种舞会盛行。一种包括香烟、汽车、新爵士乐等新鲜的生活时代向一个更加开放、乐观的爵士乐时代过渡，使得一种充满活力的、以年轻人为中心的新城市文化形成。

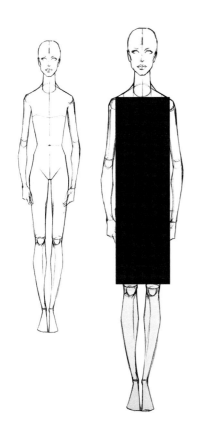

图 4-4-1 方型服饰造型示意图

2. 方型的造型表现

20 世纪 20 年代服饰造型经历了一场天翻地覆的变革与创新，摒弃了 X 型和 S 型的紧身着装，直线式、几何化的无曲线造型风格的主宰地位已逐渐被确立，形成摩登的现代时髦感。

（1）灵感来源

20 世纪科技的发展使得城市逐步工业化和现代化，摩天大楼、汽车、飞机、家用电器等成为生活中的常见物，这些物品外观所具有的流线型特点对服饰造型产生了不可估量的影响。与此同时 20 年代音乐蓬勃发展，爵士乐成为这一时代的灵魂。爵士舞、探戈、查尔斯顿（Charleston）舞等风靡一时，由此诞生了以新潮反叛、崇尚自由思想的 Flapper 文化。女性抽烟、喝酒以及在爵士俱乐部起舞，成为了新的生活方式。1909 年，叟奇·狄亚基列夫（Sergei Diaghilev）创办的戏梦芭蕾舞蹈公司搬迁至巴黎，为装饰艺术时期的到来奠定了基础。1925 年，第一届艺术装饰与现代工业博览会带来了世界性的影响，激发起新思想的浪花和时尚品位的变革。此时在艺术领域出现了受原始艺术、几何形外形、舞台艺术以及汽车和美国爵士乐等影响而产生的装饰艺术，立体主义、后印象派与舞台艺术等为装饰艺术的形成起了推波助澜的作用。装饰艺术高度肯定机械生产，主张工业文化所兴起的机械美学，追求机械式的几何线条外观，致使设计形式呈现多样化。在造型中装饰艺术多采用几何形状或折线进行装饰，以直线为主，其特征是以曲线和直线、具象和抽象这种相反的要素构成的简洁、明快且强调机能性和现代感的艺术样式。特别是直线的几何形表现，显示出对工业化时代适应机械生产的积极态度，形成现代设计的基础。建筑造型的几何理念、服饰造型的朴素几何线条等，都受到了装饰艺术思潮的影响。运用几何学与抽象主义，几何形造型创造了千变万化的经典造型或图案，简洁而优雅的艺术理念引导了20世纪20年代的时尚设计。在设计中采用几何形体及特定的重复、渐变、特异等形式，获得造型线条明朗、简洁利落以及追求造型的机能性（图4-4-2）。

图 4-4-2 灵感来源：原始艺术、平面设计、舞台艺术、汽车、建筑、爵士乐

（2）造型的表现

在工业革命与科技发展的大背景下，对女性造型形象的身份诉求和建构进行着积极探索，身体的自由度成为女性着装首要考虑的因素。凹凸有致的曲线轮廓被直线轮廓所取代，以一种东方式的平面造型取代之前极度曲线与立体的造型。平胸、松腰、宽臀的呈长方形的被称作男孩子式的新廓型出现，以其独特的造型使女装脱离传统，改变了传统的审美观，形成了现代样式。自然的曲线变成机械的直线，丰富多变的生命肌理质感变成整齐一律的机械制造的光滑效果，传统与逼真模仿的价值取向产生的曲折变化形式美学，被建立于现代生活和机械生产的规则性、简化、一律等特征的基础上的现代形式美学所取代。

齐耳短发，短至膝盖的宽松直筒裙，具有男性化、无拘束的着装风格，成为20世纪20年代新女性的标准造型形象。20年代的服饰造型把造型的核心放在女性身体的自然表达上，弱化男女性别差异，加强造型的功能性，赋予造型新的结构和新的发展方向。女装造型呈 "管子状"（Tubularstyle）

图 4-4-3 20 世纪 20 年代经典女性形象　　　　　图 4-4-4 直身低腰连衣裙

的直线式，线条简化而造型简洁，让造型在视觉上趋于中性，并自由地表达着新女性主义的精神（图 4-4-3）。

　　例如直身低腰连衣裙，为长方形廓型，外观呈直筒状，其造型理念为忽略胸腰差，将腰部接缝线下降至臀围，以臀部的合体为基点使得胸、腰、臀维度处于同等宽度，形成一种宽松的直线式轮廓。由于腰线下降，裙子上半身离开身体呈现宽松或合体的状态，一改以往的紧身贴体，朝松垮、宽敞的方向演进。造型的中心集中于臀部接缝线处，腰部接缝线下降到盆骨或臀部下方，接缝线呈水平直线形（图 4-4-4）。宽松垂落的腰线常通过腰带或饰带加以突出，比如采用系结或点缀掩盖接缝线的装饰图案等，成为整体造型的亮点，使得结构简洁的裙装丰富而生动。

　　接缝线下面的裙摆变化丰富，多采用一定长度的直身矩形裙片，通过切展扩大其摆围的量，形成不同类型褶裥。比如疏密不同的抽缩褶、规律折叠褶、不规则的波浪褶，以及流苏、波浪边、羽毛等，装饰在接缝线一周或左右两侧。多种女性化的造型细节不但丰富了造型整体，而且顺应时代如探戈、爵士舞、查尔斯顿舞等不同舞种的需求，呈现出裙摆造型的节奏和欢快感，经由舞蹈动作展现出充满活力的造型美感（图 4-4-5）。造型中裙摆的长度也在不断变化，由长至脚踝、小腿中部逐步上升至膝盖处或以上，彻底解放了女性身体的束缚，整体趋向无曲线、低腰线的风格，衣服轮廓平直，风格随性。

（1）充满活力的舞蹈动作及变化裙摆造型

（2）设计变化的裙摆（设计师：朗万）

（3）变化丰富的各种裙摆

图 4-4-5 适用舞蹈动作且裙摆变化丰富的直身低腰裙

　　新时代思想的开阔不断带来造型上新的尝试，由于直身低腰裙裙身结构简洁、身线太直板，受当时装饰艺术风格的影响，裙装造型将对称简洁的几何形轮廓表面与流光溢彩的装饰细节相互融合，为造型带来了丰富的视觉体验，大量的珠饰、刺绣、亮片以及装饰艺术的几何图案等装饰细节为整体造

图 4-4-6 以图案装饰的直身低腰裙

型增添了丰富的艺术趣味（图 4-4-6）。

20 世纪 20 年代紧身胸衣彻底被抛弃，取而代之的是现代的内衣。19 世纪末 S 型时期现代内衣的雏形——乳罩（Brassiere）应运而生，其产生的契机是连体的紧身胸衣下端越来越长，而上部越来越短，因此把紧身胸衣的上部边缘从乳房中部挪至下部，使乳房摆脱束缚，形成紧身胸衣上下分离，变成只负责整理腰、腹、臀的内衣，于是传统的连体式紧身胸衣获得了改造。20 世纪初，健康胸衣的出现成为之后的文胸的延续，采用绕过肩膀的细皮带和排扣设计来塑造胸型，并在女性中得到普及，成为女性整理胸部造型不可缺少的服饰。1907 年法国设计师保罗·波阿莱（Paul Poiret）发布了一系列取消紧身胸衣的突破性时装，使得紧束腰身的人工美时代彻底结束。同年，美版《Vogue》也出现了"胸罩"一词，胸罩（即现代内衣）逐渐被大众熟悉和接受。之后在女装男性化的潮流中，出现了从胸到臀都是直线的筒形胸衣。20 年代为塑造这种过去不曾有的崭新外形，出现了用弹性橡胶布制成的

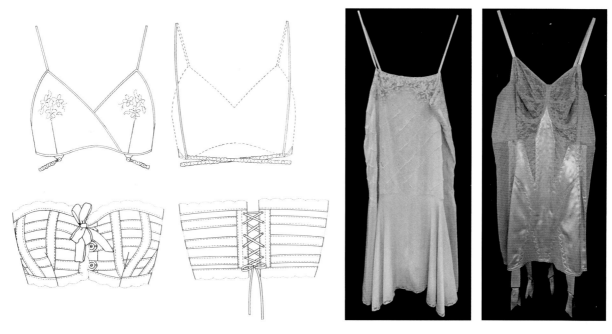

图 4-4-7 20 世纪 20 年代的现代式内衣

图 4-4-7 20 世纪 20 年代的现代式内衣（续）

直线紧身内衣，其没有内部支撑物，只起到压平腹部的作用，以配合新的直线衣身风潮。之后的年代，女性成熟美态开始回归，内衣支撑胸部的功能重新被重视，依据人体塑造女性曲线美并具托举功能的新型内衣应运而生，经过不同时代造型技术和造型材质的更新，形成为具有整形效果的现代内衣（图4-4-7）。

20 世纪 20 年代引领现代女装方向的女性设计师可可·夏奈尔（Coco Chanel），为革新做出了榜样。她在女装造型中始终追求简洁和舒适的造型理念，无论是结构、材质还是色彩，都遵循这一准则，其风格干净纯粹，自然优雅。她借鉴男装风格，结构上吸取男装的造型技术，以弱化腰线的直线造型使女装更加简洁轻便，把海军制服、运动式休闲西装以及开领衬衫等融入到女装设计中，创造了标志性斜纹软呢套装、长及腿肚子的裤装、平绒夹克以及小黑裙等，将晚礼服的拖地长裙缩短到与日服一样的长度，使其造型朴素、单纯，充满了新女性的朝气与活力（图 4-4-8）。Chanel 套装与当时的工业化科技产品和建筑等一起成为先进时代的代表，它不仅穿着舒适，而且表达了职业女性在社会上争取平等和独立的心声，为实现女性的自由和自我价值而设计。如今 Chanel 套装已问世半个多世纪，其所具有的现代革新精神同长方型造型一样，随时代的变化而风格永存。

在西方，方型在 20 世纪 20 年代中期广为流行，50 年代又再度流行并被称作布袋型，60 年代开始风靡一直到 21 世纪的今天。20 年代中期，优雅的女性味开始有所复活，流行从男学生式向女学生式转变，到 20 年代末期，细长的修身长裙风靡开来。从此，服饰的流行周期越来越短，服饰流行步入国际化时代，服饰造型依据人体特征和时代的审美喜好在中性化的方型、梯型以及女性化的 X 型之间不断转换，以或夸张、或内敛的流行风貌创造了一个又一个经典。

图 4-4-8 设计师夏奈尔设计的小黑裙

二、倒梯型

倒梯型也叫T型，是在方型的基础上加宽上半部分，以夸张肩部、收缩下摆、重点突出上半身的造型。它通常将肩向两端和上部平展，使造型上半身形成上重下轻的稳定感和权威感，是由男性的体态特征概括而来，因此倒梯型带有明显的男性气质。倒梯型的视觉焦点在上半身的宽阔，主要是肩部以及上半身的横向扩展的立体塑造，是运用夸张的手法呈现出多元的造型风貌（图4-4-9）。

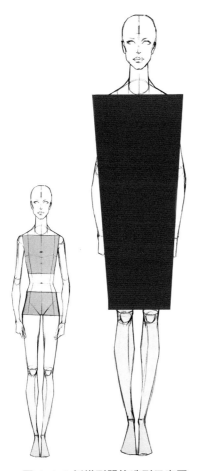

图4-4-9 倒梯型服饰造型示意图

1. 倒梯型的产生与发展

（1）文艺复兴时期开始出现的倒梯型男装

在历经了古希腊与古罗马时期的自由式披裹、拜占庭时期服饰的华美和中世纪紧束保守之后，在复古、再生的人性解放思潮的作用下出现了文艺复兴时期服饰。此时期服饰不再只是宗教的写意，而是开始了对人类自身形体的关注。15世纪中叶还延续细长的造型，到16世纪男女装都开始向横宽方向发展，服饰造型的变化开始由长度向宽度转变，通过延展的肩线和塑造夸张的立体肩部造型，使得造型宽大、立挺而富有构筑性，造型在视觉上更加宽阔。服饰造型不再沿用中世纪时期男女同型同质的达尔马提卡（Dalmatica）的直筒形式，开始出现能够展现男女性别特征的女装上紧下宽的X型和男装极度夸张胸部和肩部的倒梯型，尖顶拱、细长的封闭式造型逐渐被半圆的巨大裙型、拉夫领和膨体袖所取代，运用各个部分的组合连接和填充造型法使造型夸张并稳重宏大，以适应时代的审美需求。男子服饰以上衣下裤为造型定式，以上半身的体积感变化为中心，加宽肩线和胸部等，以衬垫或棉絮填充物垫起，进行横向拓展，使自然倾斜的肩线提升到水平状态，肩部浑厚、饱满、平起并联合饱满的胸部，形成上身宽阔如同一个方形的箱子。臀围方整，下肢包紧挺拔，通过宽厚的上半身和紧瘦的下半身对比来表现伟岸的男性特征，服饰呈上重下轻的倒梯型，强调横向拓展的厚重感和纵向延伸的线条感，用体积来表现服饰造型的夸张和创新。

男装造型上明确突出倒梯型特征，非常写实地甚至是夸张地表现男性的体形性感特征。对衬垫的使用更广泛，在肩部、胸腹部、臀部、大腿部等部位大量填充衬垫物，以增大其体积，双肩不断被加大，从而夸张肩部使之更加醒目突出，使人体上半身膨胀、饱满而被塑造成四方的"箱型"，强调上体的宽厚和下肢的瘦劲，以表现男子健美和强壮伟岸的气度，造型夸张硬挺，外观威严、正统、沉稳。

男装造型衣身向横宽方向发展，通常为上衣普尔波万（Pourpoint）和下裤肖斯（Chausses）的组合，重心放在宽阔的上体，重视肩部造型。普尔波万为收腰紧身的夹衣，衣长及膝，衣身宽阔，左右对称前开式，前面用扣子固定，领口下端衣襟处整齐的排列着数十颗小扣子来分割衣身。为了突出肩部的宽大，采用填充物使袖山部高高耸起，并向两端横向突出，起到夸张肩部的作用。上衣里衬多用细亚麻布，外面常用纹锦布料，胸部用羊毛絮或麻屑填充，使之膨大起来。下身搭配的肖斯为紧身长裤，或在紧身的肖斯外面穿膨鼓起来的布里齐兹（Breeches），即一种造型膨胀浑圆而呈南瓜状的、长度

图 4-4-11 男装肩部的翼形装饰

图 4-4-10 文艺复兴初期的倒梯型男装

在膝盖以上的短裤。在普尔波万基础上穿长及臀或膝的大翻领大袍——嘎翁（Gown）和曼特（Manteau）。曼特上常有毛皮边饰，大披肩领，强调和夸张肩部造型，呈现出显著的倒梯型外观（图 4-4-10）。

16 世纪文艺复兴后期，以填充物使局部膨大凸起的服饰造型样式逐渐走向高峰。为了强化倒梯型的男性特征，采用很多填充物把肩和袖拉宽，把胸脯垫得很高，使外在骄傲的本质溢于其表，如普尔波万的肩部和腹部用填充物垫厚而使之膨起，双肩处饰有凸起的布卷和衣翼。同时塑造夸张上半身的袖子也被塞进大量填充物，出现了泡泡袖（Puff sleeve）、羊腿袖（Gigot，即基哥袖）、莲藕状的藕节袖——比拉哥斯里布（Virago Sleeve）三种袖型。这三种袖造型外形膨大饱满，作为夸张上半身的重要组成部分被广泛用于当时的男女服饰上。由于多用衬垫填充，肩和袖等都填充得较厚，造成外观僵硬的状态，使袖窿处无法严密缝接，需用其他方法加以连接，如用系带、金属链扣或宽条的镶嵌带等将袖子固定在肩窝处，或用针线粗略缝拢，这样袖子就可以随时拆卸。因此肩袖连接的接缝线外观显得粗糙，而为了掩饰袖根与肩头的接缝就出现了肩饰，即在外表的衣身袖窝处另接三角形袖片，形成月牙状的翼形装饰（Wings），肩部正中的地方较高耸，正好把袖窿接缝处遮盖起来，从外表看肩部仅仅是多了一个装饰而已。但它还起到了垫肩的作用，使肩部扩宽并高耸，呈现出宽肩的造型，将男装廓型塑造得更加硬朗（图 4-4-11）。

与普尔波万组合穿用的下半身服饰——肖斯（Chausses）到文艺复兴后期被分成上下两段，上部为奥·德·肖斯（Haut de Chausses，即半截裤），其造型是离身式的，下部为巴·德·肖斯（Bas de Chausses，即长筒袜），其造型为紧身式。由上至下略成尖状，这使得男子外在轮廓从肩部到大腿处都鼓胀饱满，形成四四方方的造型，构成上重下轻的倒梯型，着重夸张了男子形体的宽阔雄伟的男性气概，之后，上衣衣袖边也以填充物使其固定成某种造型（图 4-4-12）。

图 4-4-12 文艺复兴后期的男装造型

倒梯型风格大方、硬朗，表现出鲜明的男性特征，在造型内涵上体现出强势、伟岸的男性气魄和力量感，是权威和强势的象征，自文艺复兴时期的夸张的倒梯型之后成为男性服饰造型的代表。在此后的几个世纪里，男装在倒梯型轮廓的定式下进一步朝轻便、简洁、严谨的方向发展，直至最后男女通用的现代倒梯型出现。

文艺复兴时期的造型轮廓、造型结构、造型技术以及装饰手段等的运用，影响着后续时代的造型思维，为后期的造型发展奠定了基础。比如填充衬垫在肩袖造型中的运用，这种填充手法在不同时代审美作用的影响下不断被改良，使服饰的造型性更新颖别致，而且一直延续到 20 世纪 80 年代流行的女装中。原本只应用于男装造型中的宽肩也被运用在了女装造型中，几乎所有的男女西服在肩部都会通过延长和抬高肩线以及缝制厚度达几厘米高的垫肩，塑造出展示男女平等的倒梯形轮廓，这种流行趋势一直延续并发展至今。

（2）现代倒梯型的发展

从文艺复兴时期一直到 20 世纪初，男女服饰造型泾渭分明，以鲜明的性别轮廓和着装定式展现各自不同的身份魅力，其中男性服饰以硬朗的倒梯型为社会活动中出现的主要着装样式，而女性服饰以 X、S 型凸显性感的曲线为美。20 世纪初之后，女性因为社会环境和角色的变化，同男性一样拥有更多的社会活动和需求，所以服饰造型开始了女装男性化的演变道路，将富有男性特征的造型元素（比如倒梯型轮廓、方肩、前门襟、翻驳领、长裤等元素）应用到女装中，获得焕然一新的造型，且顺应不同时代的审美变化而不断创新，女装男性化的演变也越来越精彩。

从中世纪开始男性服饰以前开襟式上衣和下裤组合，较早开始了对造型的机能性追求，到 19 世纪中叶基本完成了造型的现代化，其在倒梯型的定式下保持基本特征不变，只寻求细节上的变化。而女装在经历了几个世纪的紧束人体的夸张 X 型之后，为顺应社会的变革而开始寻求造型上的变化。其变化的基础是生活方式与着装观念的改变，变化的契机是妇女地位的提高和身份的改变。从 19 世纪中期的新洛可可时期开始，男装造型方式被引入女装，女装出现了前开式门襟的上衣外套样式，基本衣着搭配由内衣、裙、外套、裤子等组成，展现出女装向男装靠拢的现代倾向。之后为了适应时代发展和个性化的着装需求，女装的造型开始不断从男装富有机能性的结构形式上汲取灵感，把男装裁剪技术引入女装制作，如骑马装和男士礼服的套装等，为女装男性化的发展奠定了基础。19 世纪末至 20 世纪初，各种体育运动和社交活动在女性中开始盛行，第一次世界大战期间大量女性代替男性从事各种工作，女性逐渐走上社会，对服饰功能性的要求日益增长，因此女装产生了划时代的大变革——裙长缩短、腰身放松，富有机能性的男式女服在女性生活中进一步确立，前平后翘的 S 造型服饰已不能适应新兴的社会活动，由此女装由传统服饰向现代服饰过渡。之后女性在社会上的角色地位因社会需求和发展得到进一步强化，到 20 世纪 20 年代男女同权的思想也随之被强化，女性化的曲线造型不再是主流，取而代之的是直线造型的富有男性特征的职业女性套装。女装从丰胸、束腰、翘臀的 X 型传统形态向平胸、松腰、宽臀的现代形态转变。战争期间常见的女装造型为宽松的大衣和长裤，模仿男士的制服轮廓和结构，廓形变得更加直挺，向功能化和轻便化的男装靠近。第一次世界大战后女装向着简洁、轻便的方向发展，于是平胸、低腰的、宽腰身、男孩子式方型新轮廓出现。到了 20 世纪 40 年代第二次世界大战期间，服饰进一步向功能化的男装靠拢，以军装造型轮廓为主，由厚垫肩形成方形肩部，搭配及膝裙，构成新时代的倒梯型（图 4-4-13）。两次世界大战加速了女装男性化的现代进程，成为服饰造型发展中不可逆转的潮流，男装造型结构等对女装的影响也越来越大，在整个现代女装造型由曲线向直线演变的过程中都贯穿着女装向男装靠拢的趋势。

2. 现代倒梯型的造型表现

（1）灵感来源

在经济和社会变革的大背景下男女平等的思想使得女性需要更坚强、进取的造型形象。男性化的宽肩作为女性独具特色的特征展示了独立女强人的风貌，军队制服、工装夹克、男装等一切实用的硬朗轮廓的现代装束不断影响着女性日装。在战争背景下军队制服成为了时尚，此时期的军服裙装短而紧身，合体且颇具战时的严

图 4-4-13 1940 年代倒梯型女装

肃感和纪律感，被当作时装流行于大众，并促使军服式女装产生了革新，在结构和功能上更加完善。硬朗、便捷的军服式女装风靡全球，并以其广泛的适应性和优良的功能性成为战后男女服饰发展的一个新方向。实用且表现凌厉的方肩造型和男性化的结构线条对女装造型产生了决定性影响，比如男性的夹克、衬衣、马甲，以及用于大衣、夹克、风衣和套装上的大垫肩等，这些元素都成为 20 世纪 40 年代倒梯型的重要灵感来源（图 4-4-14）。

图 4-4-14 灵感来源：战争背景、军队制服、男装

（2）倒梯型的造型表现

第二次世界大战期间女性着装以务实、功能性为特点，追求简洁、利落造型风格，其特征表现为制服化外衣、造型轮廓分明、简洁并富有机能性，常规的有实用套装、风衣以及休闲大衣等（图 4-4-15）。20 世纪 40 年代女装造型在倒梯型基础上创造了许多不同的细节，男性化的造型元素如垫肩、翻驳领、收腰、肩章等运用从上衣到套装，同时搭配及膝的短裙、高腰裤，整体塑造出摩登的现代女性形象。同时战争期间物资短缺直接影响着服饰造型，如造型款式变短小，裙长及膝且紧窄，裙身结构做减法（如褶裥等尽可能少），袖子、领子和腰带的宽度也有相应的规定。在装饰受限的情况下服饰廓型成了构建美的唯一途径，于是简洁、实用且富有中性美的宽肩倒梯型风行并受到极致推崇。

图 4-4-15 20 世纪 40 年代日常服饰造型

军服式（Military Look）女装即军队制服式女装，其造型与军服一致，呈军装外观，包含肩章、硬翻驳领等元素。宽且方的肩部、驳领、系紧的腰带是其典型特征，下身搭配简洁的及膝裙，整体呈硬朗的倒梯型，具有新时代女性特有的力量感。军服式女装在 1915 年就开始出现，第一次世界大战后军队制服的结构形制改变了一战前女装日常的造型，与男装接近。二战前女装就开始强调和夸张肩部，向后来的"军服式"过渡，及膝直筒裙与及腰的宽肩夹克搭配是当时最常见的造型，二战时其造型则为艾森豪威尔夹克或短款军装搭配及膝直筒裙或阔腿长裤。军装的实用功能性以及由功能带来的结构特征为军服式女装造型带来了创新的表现，比如男性化的倒梯型硬朗明快，挺拔的肩线，翻驳领、单排扣或双排扣叠门襟、分割线衣身、肩章、束腰、大贴袋等造型元素，整体呈现出职业女性的坚强干练的形象。

军服式的倒梯型外轮廓主要通过垫肩的方法延展肩部线条，腰部自然收腰。宽肩成为倒梯型的必备要素，宽肩通过外部肩线的加宽以及内部衬垫的使用，使人体倾斜的肩部肩线保持水平状态，达到宽阔、平整的大一字形，再配以合体的直身袖，整体具有现代中性的硬朗特征。此时期塑造肩部造型的重要辅料是垫肩，即衬在服装肩部呈半圆形或椭圆形的衬垫物。除了垫肩塑造出宽肩的造型外，设置在肩线上的肩袢也以另一种附加形式来夸张肩部的宽阔程度，表现出肩部轮廓的硬朗。外套多使用左右对称的前开式门襟，而且双排扣的叠门襟使服饰更具有功能性，同时系扣的纽扣对称排列，使整体造型显得更加庄重。领型主要采用以直线造型为主的立领和翻驳领，显示出中性化的阳刚之气。衣身前后采用分割线或省道的设置，以使造型合体。腰部通常采用较宽的腰带束腰，以起到使造型干练的效果；或使用腰袢，腰袢一般是设置在后背腰部，常常与后背结构线结合起来，突出后背造型线的美感。在造型中采用褶裥元素的通常目的是加强功能性，用来获得更大的活动量，比如加入褶裥的口袋可使其容量增大，后背宽的位置加入褶裥可以保证满足背宽的变化量，后中处加入褶裥是为了保证运动时背部皮肤的横向伸长等。特殊的结构造型在整体和细节上不仅保证了服饰的功能性，在造型视觉上也达到简洁、平衡稳重的美感（图 4-4-16）。同时制服式的衬衫裙成为 20 世纪 40 年代风行的衣裙款式，其合体的上半身搭配简洁的 A 型裙身及腰带，显得干练且兼具女性的优雅。

图 4-4-16 倒梯型的军装样式

　　把男装造型的精髓用于女装上，采用造型技术缓和了男装结构的保守与刻板，同时加强了女装的造型，使男装和女装造型在制作上达到共通。方肩、收腰、窄身的二战风格套装成为此时期的主流日装，其实用而简单的、与男装同材质的、上衣下裤的两件套式样，以及对襟、翻驳领、贴袋或挖袋的设计，显出套装的简约与整齐，而且其外套一般长及腰线，裤装以束腰系带为主等。现代女式套装的形成和发展也正是得益于这一时期（图 4-4-17（1））。除了军服式套装外，在此期间具有修长廓型的风衣和长大衣也非常流行，其以方肩和束腰为特色，所配裙子为中长裙，造型洗练、线条流畅。二战后，军服式外观造型开始出现细微的变化，形成为腰身变细的方肩式（Bold Look），充分展现出了新时代女性造型的干练特征（图 4-4-17（2））。

　　在 20 世纪 40 年代随着女性角色的日渐清晰以及现代社会发展的不断变化，倒梯型呈现出新的变化和造型内涵，在追忆过去的同时造型渴望新元素的加入，倒梯型已经不仅仅是修饰与造型方法，而成为一种符号与文化现象，赋予时装新的内涵与影响力。20 世纪 80 年代是重回倒梯型的年代，这一

（1）日用套装　　　　　　　　　　　（2）方肩细腰的倒梯形造型

图 4-4-17　1940 年代倒梯型女装

时期的女性与 20 世纪 40 年代的女性处境相仿，以男装面料做成的女西服套装重新受到人们的推崇。无论男女都身着剪裁精致的宽垫肩套装，呈现出棱角分明的体态，使宽肩倒梯型演变为权力与身份的象征。

　　强势男性感的倒梯型展现在女性着装时，创造了一个有趣的男女两性互相吸引的、相互混合的形象，使得人们的着装向着更加多元、时尚化的方向发展。造型突出艺术性和时代风貌，用垫肩来突出肩部，同时强调腰身的合体，突出局部重点和整体风格的展现。时至 21 世纪人类发展进入新纪元，倒梯形造型以回归和怀旧的形式，经过造型结构和造型技术的创新而不断衍生出新的视觉风貌，其强势轮廓和溢出的肩部等雕塑感极强的立体造型元素，不再局限于衬垫的使用，而是采用多元的造型手法和造型元素来塑造体积，比如层叠、分割、褶皱、波浪、堆积、编拼结合、偏移、扭曲、旋转、交叠等方式，以更夸张、更戏剧化的非常规组合来表现，独立自信的核心精神依然保留，但不再是之前的凌厉夸张，而是由硬直感转为柔和，具有摩登且符合现代审美的性感与柔美（图 4-4-18）。

第五节　几何形造型方法的创新应用

　　21 世纪几何形的简洁、抽象以及空间感与棱角分明的特征，在不同造型领域被不断挖掘并探索新的表现形式。在传统几何形造型的基础上继承和发展，创造出一种新的表现方式，使造型更具有立体感和未来感。现代几何形的运用，如常用矛盾、解构、夸张、变异等手法，进行自由组合，通过多样的视觉语言创造新颖、大胆的形象，使造型产生类似建筑的美感（图 4-4-19）。

图 4-4-18　21 世纪现代倒梯型的表现

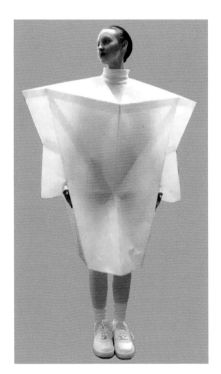 

图 4-4-19　21 世纪几何形造型的创新应用

第五章 服饰造型方法 2——仿生造型

第一节 仿生造型概述

仿生造型方法也是常用的造型方法之一，与自然环境、自然生物关系紧密。它通常也称物象型，具有和几何形造型截然不同的造型特点。在建筑、舞蹈、服饰等造型艺术中，仿生造型是最具代表性的造型方法。

一、仿生造型概念

仿生造型是模拟大自然中某一形态的物体，如自然中的花、鸟、虫、鱼、羊、马等，表现服饰造型特征的方法。它指仿照自然界生物的外形或内部构造、纹理特征等，运用美学手法对自然生物进行概括、提炼、抽象，形成全新的形似和神似的造型外观。它是在深入认识大自然的基础上，以解剖、打散、重组方式进行创造的过程，夸张地放大共性美感，通过模拟手法表现出来，从形态方面对生命和生态现象的本质进行探索，从中汲取灵感，创造出美观的样式（图5-1-1）。比如茧形、花苞形、郁金香形、喇叭形、伞形、球形、鱼尾形以及S形卷曲波状植物纹等造型，都属于仿生造型。

（1）自然界生物

（2）鸟及其仿生造型

图5-1-1 自然界生物以及仿生造型

二、仿生造型的特点

仿生造型具有简化、概括的特点，其外轮廓线通常以曲线为主，圆润柔和。与几何造型的僵硬、冰冷不同，仿生造型具有温润、柔美，向着人的内心出发的造型情感特征，以及与自然环境、自然生活紧密联系的内心情感。

服饰造型的仿生主要是形态仿生，主要体现在服饰局部造型和整体造型。服饰在与人体共同作用下形成了服饰外部轮廓，比如蜂腰状的 S 形、蝴蝶形的 X 形等，从服饰仿生造型表达手法上看，它在于结合服饰和人体结构的特点，进行原型特征的简化，将仿生对象的神韵表现出来。同时，仿生的对象是既可以模拟生物形象的一部分，如模拟燕尾和鱼尾造型的燕尾服、鱼尾裙等，又可以模拟自然生物的整体形象，如模拟花卉造型的喇叭裙、郁金香裙等。花的优美形态和结构变化成为造型直接的灵感来源，其造型下身自然松散，收紧腰部，在裙装上重现花的形态（图 5-1-2）。

（1）郁金香形造型　　　　　　（2）花苞形造型　　　　　　（3）喇叭形造型

图 5-1-2 仿生造型的服饰

第二节 局部仿生造型表现的代表

历史上常见的局部仿生造型有羊腿袖、藕节袖、灯笼袖、喇叭裙、鱼尾裙等。其中以羊腿袖最形象、最具西方民族特色，喇叭裙也因其优美且女性化的造型而为众人熟知。

一、羊腿袖

羊腿袖（Gigot Sleeves）又称大泡袖（Cannon Sleeves），是一种从腕到肘贴紧手臂，从肘到肩呈膨起状的袖型（即袖上端蓬开，而近手腕处一长段收紧），有着好像羊腿一样的上松下紧的标志性外形。羊腿袖通过袖头的膨胀与袖身的收缩，具有由有序的肩部皱褶构成的三维空间立体造型，以及与整体服饰的变化与统一的关系形成的独特美感。

以畜牧业为主的古代社会人类与羊朝夕相处，对羊的外型和习性了解颇深，对羊的种类、身体结构等都异常清晰。羊腿袖的形成就是人类对其仔细观察和了解的结果。与泡泡袖相比，两者相似的是袖头都起大的抽褶泡状；两者不同的是泡泡袖只在袖山处切展开起泡，有长、短袖的形式，形状似球状，而羊腿袖起泡部位延伸到肘部，袖口紧收，且常以长袖的形式出现，外形似羊腿（图 5-2-1）。

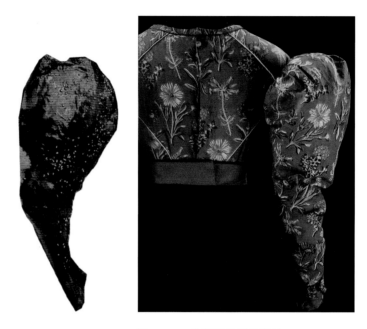

图 5-2-1 羊腿形状及羊腿袖

文艺复兴时期服饰追求整体和局部的夸张，服饰被大量使用填充物，袖子的造型是重点，因此袖子也被塞进了填充物，出现了羊腿袖（基哥袖）。其袖根部位用填充物使之膨起，形成一定体积的造型，从袖根往下到袖口逐渐变细，其形状因酷似羊后腿故得其名。为了增加羊腿袖的夸张感，营造出更为震撼的造型效果，在羊腿袖蓬起的部分内加入填充物，即在袖山和袖身里填充马毛、棉絮等材料而人为地形成肥大膨起的效果，与之后通过结构变化的造型相比，其显得僵硬、沉重。之后羊腿袖的造型变化和结构技术历经巴洛克时期、洛可可时期的发展，到 19 世纪 30 年代的浪漫主义时期和 19 世纪末 20 世纪初的新艺术运动时期达到鼎盛风行，成为那时最流行的袖型。为了突出细腰，用羊腿袖来夸张肩部（此时羊腿袖袖根部被极度地夸张，袖头部位膨起造型更大，碎褶抽缩更丰富），同时在袖根部用鲸骨、铁丝做撑垫或用羽毛做填充材料。到了 1825—1833 年，袖根部逐渐增大到极点，与倒三角形衣身配合，呈现出浪漫主义时期的主要造型特征。19 世纪 90 年代它再次风靡，其流行的风格为袖山处起泡和抽缩，肘部至腕部逐渐收紧的合体"羊腿袖"，搭配前门襟开口的西装式的上衣，整体的大小比例按照对应于裙身细腰与下摆幅度调整，宽肩、细腰、阔裙摆构成三位一体的 X 型。到 1900 年多种风格变化的时代，羊腿袖的极度膨胀感和夸张度有所收敛，倾向于实用性的含蓄内敛。此时期的羊腿袖袖头部分呈较大的泡泡状或灯笼状，自肘部以下忽然收紧，形成收紧状态一直延伸到腕部的紧身窄袖。此后羊腿袖作为宫廷风格的代表，在 20 世纪 60 年代再度兴起，成为一种经典的服饰造型而沿用到今天（图 5-2-2）。

羊腿袖造型轮廓上大下细，在结构处理、材料选用以及工艺制作上都具有独特性。在造型上其具有一定的量感和体积感，超大体积呈现出戏剧化夸张的造型特征，醒目而耀眼。同时袖头部位的起泡和袖口收紧形成的一大一小在形式上形成对比美，更为重要的是由于蓬起的袖头直接和肩部相连，因此在造型上直接起到加宽肩部、强化轮廓的作用，与收腰的廓型和细腰产生对比。

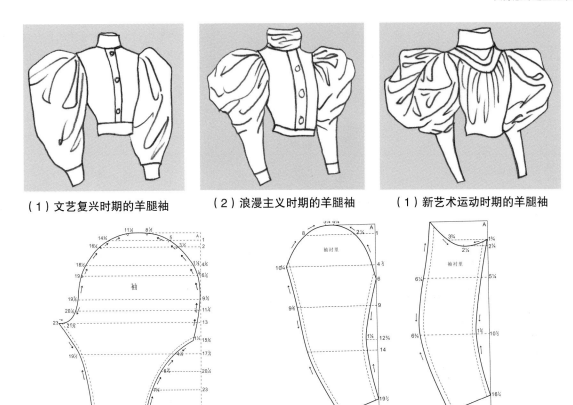

（1）文艺复兴时期的羊腿袖　　　（2）浪漫主义时期的羊腿袖　　　（1）新艺术运动时期的羊腿袖

（2）羊腿袖的纸样图形

图 5-2-2 不同时期的羊腿袖的造型形式和纸样图

二、喇叭裙

花的优美形态和结构变化往往成为造型的直接灵感来源。喇叭裙以模拟自然花卉的生动造型呈现出新时代的时尚风貌，其造型特征是裙体上部与人体腰臀紧贴，臀围线下向下逐渐展开，外在形状上小下大，由于裙幅的加大而形成自然的波浪状大裙摆，从腰到裙摆像盛开的喇叭花，裙装重现了花的形态。夸张的大喇叭裙采用多片分割，竖线分割可以使人的视线沿分割上下移动，增加视觉高度，使

（1）喇叭花

（2）新艺术运动时期 S 型女装喇叭裙

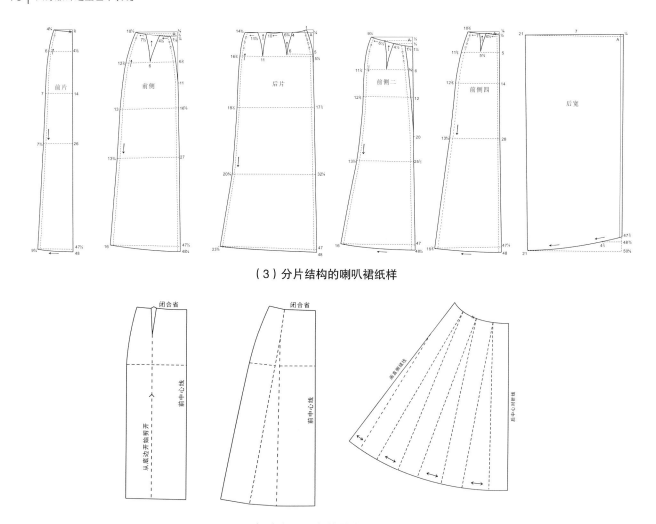

（3）分片结构的喇叭裙纸样

（4）加入三角片的喇叭裙纸样

图 5-2-3 喇叭裙及结构纸样图

穿着者的身材看上去更加苗条、修长。喇叭裙整体造型流畅、优美，极具女性特征，下摆宽大的波浪状极富动感和旋律美，同时上小下大的造型量感对比加强了造型的独特感，突出了女性特有的婀娜体态（图5-2-3）。

　　喇叭裙产生于19世纪末20世纪初的新艺术运动时期的S型女装，其裙型结构通过多处切展加入三角片哥阿·斯卡特（Gore Skirt）的形式，纵向拼合构成，或采用多片分割组合（如在前、后、侧的不同分割片组合，有四片、六片、八片等形式），形成上小下大的裙身，腰部合体，裙身自臀部下逐渐展开至下摆最大，形似喇叭状，裙长及地面。到1898年左右下摆的量达到顶峰，之后裙型向简洁的方向发展并强调结构的功能性。

第三节　整体仿生造型表现的代表——S型

　　服饰整体仿生造型表现常见的有花苞型、郁金香型、蚕茧型、美人鱼型等，此类造型具有鲜明的生物外观特征，以及圆润而女性化的特质。S型的仿生主要体现在模拟S形状、涡状或波状植物的连续曲线造型，字母"S"形象化地描述出了其外观造型特征。它没有某一植物或动物的代称，但其灵感来源受自然植物的影响和启发，且是 19 世纪中期巴斯尔 S 型的简化和延续，在造型史上具有特殊的涵义，因此把它归类为仿生造型。其造型独特，具有一定的典型性。

S 型为前（胸部）凸后（臀部）翘的外轮廓型，是女性化专有的廓型，其外轮廓曲线起伏、优美生动。较 X 形造型而言，S 型女性味不减反而更浓厚，它通过结构化造型、局部填充或特殊部位夸张等造型手段达到从身形侧面看形似字母 S 形曲线特征。S 形曲线，即 S-bend，俗称直身（Straight-fronted）、天鹅啄（Swanbill）或是蛇形（Serpentine），其造型特征为穿着者在紧身胸衣的作用下被迫形成躯干向前倾、髋部向后推、腹部被压平，其细腰和阔张的后裙摆与前面的平整形成对比，侧面成优美的 S 形造型（图 5-3-1）。

1. S 型产生的时代背景

图 5-3-1 S 型服饰造型示意图

19 纪末 20 世纪初是人类社会空前发展的时代，工业革命把人类社会进程推入了高速轨道，使世界发生了巨大变革，也使诸多现代艺术观念涌现出来。它把人们从传统艺术观念和美学样式中解放出来，促使当时人们的生活方式和思想观念产生了前所未有的改变，不但直接影响了家具、建筑、纺织、服饰等实用艺术，还渗透到绘画、雕塑等纯艺术中。19 世纪最后的 10 年到 20 世纪的前 10 年，艺术领域出现了新的思潮与艺术运动，即新艺术运动（Art Nouveau）。因"新艺术"产生于 19 世纪末，所以也被称为现代艺术或世纪末样式，这个时期被称为"belleépoque"，即好时代的意思。"新艺术"像哥特式、巴洛克式和洛可可式一样，风靡欧洲大陆。此时期西方女装处于由传统向现代服饰的过渡时期，即西方传统服饰风格接近尾声而现代化女装时代即将来临的交汇期。

2. S 型的造型表现

1875 年后穿用巴斯尔裙撑的人逐渐减少，女裙的臀部曲线也变得较为柔和自然，背后堆积褶饰的部位也降低了。1882—1885 年期间，出现了一种新的巴斯尔裙撑，1885 年后这种裙撑又逐渐减少，到 1890 年则几乎完全消失。这样巴斯尔样式正式退出了流行舞台，西方女装进入了 S 型时期。

（1）灵感来源

新艺术运动发生于新旧世纪交替之际，在设计发展史上标志着是由古典传统走向现代前卫的一个必不可少的转折与过渡。新艺术运动把重点放在动、植物（如花、昆虫等）的生命形态上，以"回归自然"为设计口号，将自然、空间、表现的设计要素融入到设计中，表现出灵动、自然的艺术本色形式，其主要特征为 S 状、涡状、波状、非对称的自由流畅的连续曲线造型，开创了从自然形式、流畅的线型花纹和植物形态中进行提炼的过程，突出表现曲线和有机形态，探索新材料和新技术带来的艺术表现的可能性。因此，新艺术产品造型多是流动的形态和蜿蜒交织且极富装饰性的曲线样式的优美造型，充满了内在活力（图 5-3-2）。取材自然的理念赋予了造型艺术以新的活力和生命力，有时为 S 形，有时为波状涡线或植物藤蔓一样的非对称连续曲线，它们有节奏地引导着观者的视线，使人有置身于自然之中的错觉。服饰上也毫不例外地反映着这种特征，强调纤细、生动的曲线美。

图 5-3-2 灵感来源：花、昆虫、建筑、家居、平面设计、工艺品设计

（2）造型的表现

受新艺术造型理念的影响，体现曲线美的女装最受欢迎，其服饰造型从侧面看呈优美的S形。S型表现为穿着者用紧身胸衣在前面把胸高高托起，把腹部压平，在腰部形成极细的腰，在后面紧贴背部并把丰满的臀部自然地表现出来，裙子从腰向下像喇叭似地自然张开而形成大的波浪裙摆，从侧面观察时其宛如"S"字形，即胸挺、腹收、臀翘、波浪状大裙摆（图5-3-3、图5-3-4）。

图 5-3-3 查尔斯·芙莱戴里克·沃斯（Charles Frederick Worth）时装屋

19世纪末20世纪初是女装走向现代的重要过渡期，女装上彻底去除裙撑与臀垫的束缚后，自然的体形慢慢显露，女装样式洋溢着青春活力的现代新风格，它以优美流畅的线条为表现手段，呈现出华美典雅的审美情趣。服饰主要在领口、腰部、肩部或裙摆等部位强化夸张地做变化，立体褶饰在向自然回归的趋势下开始大量缩减，夸张的臀部和华丽的拖裾逐渐被削弱，服饰造型优美、自然，突显女性优雅、曼妙的身姿（图5-3-5）。

图5-3-4 查尔斯·芙莱戴里克·沃斯的新艺术风格女装

在外在追加的元素少了之后，女装结构显得更加复杂。S型女装在表现人体外部曲线的基础上突出女性凹凸有致的体态特征，在内部结构设计上简化造型元素的附加与结构的繁复，细致、科学并具有创新性。其特点为上下分开的、腰部有接缝的连衣裙款式，高领或低领，前胸突出，腹部平坦，臀部呈现自然的弧线，略微提高的腰线和修长的裙摆给人以高瘦、颀长的感觉。人体的凹凸起伏主要由细腰、饱满华丽的大裙摆和合体的上身来塑造，袖型、肩缝和侧缝等轮廓线的处理简洁而清晰。上半身的合体紧身采用省道和分割的形式来处理，比如胸省转化为多个小褶，或者运用公主线和刀背缝纵向分割成

图5-3-5 S型女装的优美、自然造型（去除了裙撑、臀垫）

多片（分片结构的组合可使衣片与人体外形贴合），或者先从胸围线附近作横向分割，然后在胸围线以下作纵向分割，其不同的分割形式在解决造型合体的同时可达到塑造身型的作用。下半身的裙型是S型的重点。S型时期的外裙向简洁的形式发展并强调结构的功能化，裙身采用分片结构，其多片分割组合扩大了裙摆的量而形成优美的喇叭状。上身用紧身胸衣把胸部高高托起，腰腹部紧束，背部沿脊背自然下垂至臀部外扩，形成优美的曲线。由于衣裙造型简洁，为避免整体造型感到单调，需要采用对比手法来弥补和中和造型上的落差，于是在前期S型上身常采用夸张到极致的羊腿袖。羊腿袖袖根和袖头部分呈较大的泡泡状或灯笼状，自肘部以下又忽然收紧，收紧的状态一直延伸到腕部呈紧身窄袖，夸张的袖头具有延展肩部的作用，这样整体更突出了细腰的造型和S形的强化，同时为强调外形，常从肩部向腰部纵向装饰几层大飞边，整体造型女性味十足。到20世纪初夸张的羊腿袖大大减弱，袖型变得合体，整体造型更趋简洁和功能性，以顺应时代的变化（图5-3-6）。

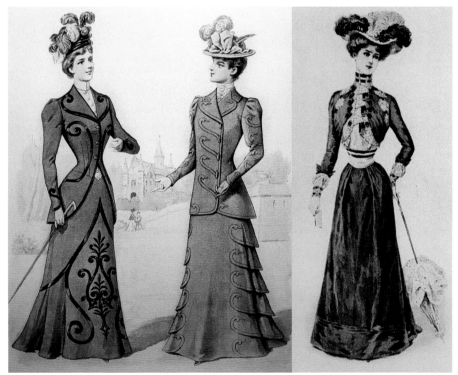

（1）S型女装前期造型特征　　　　　　　　　　（2）S型女装中后期造型特征

图5-3-6　S型女装的造型特征

　　为塑造符合流行的外形，整形用的紧身胸衣发挥着重要作用。S型女装是对女性人体在紧身胸衣的强制作用下的人为造型，女性在极致地追求S形的人工化曲线美的同时，紧身胸衣不断地向强调细腰的方向发展，只为塑造出更加具有魅力的S形体型。紧身胸衣的造型技术在这个时代取得了显著进步，这时期的紧身胸衣，其上止口变短，下摆变长成圆弧形。19世纪90年代末出现了各种把腹部压平的紧身胸衣。1900年法国女子嘎歇•萨罗特夫人根据人体的生理特点对传统的紧身胸衣进行了改造，创造出了压腹式紧身胸衣。她把胸衣的上缘从乳房的中部降至乳下，使得上端较低，乳房的上半部分自然地裸露出来。改良的紧身胸衣其特征是，前身部的内嵌金属条或鲸须在腹部呈平直的直线，从胸到腹部造型呈直线形，其构成是采用多达20片的布块纵向拼接而成，同时为了表现臀部的丰满加入了多片三角形布，使其紧束腰身，强调背部曲线和突出臀部的丰满，从侧面看其挺胸、收腹、翘臀，形成

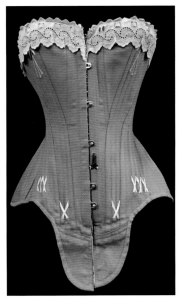
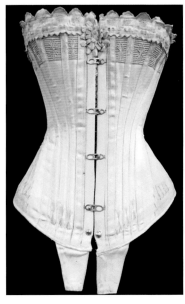

图 5-3-7 S 型时期的紧身胸衣

了明显的 S 形造型。这种紧身胸衣造型构成了这一时期服饰的内在支撑和典型外观，成为女性着装不可缺少的日常塑型用品（图 5-3-7）。

S 型女装流行了近 20 年，不仅为服饰的现代化形成和发展起到了积极的推动作用，也为服饰造型技术打下坚实的基础。经过 S 型时期的过渡，西方女装逐步走向追求穿用功能和面向大众的服饰现代化发展之路。工业革命实现后，经济的发展带动了人们日常生活的改变，随着 19 世纪末 20 世纪初女权运动的兴起，女性开始争取平等的社会地位与尊重，突破封建思想对精神肉体的束缚，服饰设计趋势开始由追求理想化、极致化的 S 形曲线慢慢过渡到逐渐趋向自然流畅的身形。1908 年左右，女装开始向放松腰身的直线形转化，裙子也开始离开地面，女性不再自己制作紧身胸衣而是购买现成的现代式胸衣，服饰造型进一步朝更为现代和宽松的方向发展。

图 5-3-8 动物物态仿生造型（设计师：亚历山大·麦昆）

图 5-3-9 物态结构肌理纹的仿生造型

第四节 仿生造型方法的创新应用

　　仿生造型具有贴近自然的属性。21 世纪以追求自然和本真为出发点的设计思潮，使仿生造型成了服饰创新的灵感源泉，增加了造型的新鲜感和亲切感。自然界中的各种物态——常规的植物形态、动物形态或自然现象等，如飓风、雷电、极光、显微镜下树叶的不规则纹理、活跃的细胞等，其涉及范围更宽泛，探索空间更自由（图 5-3-8）。除了形态仿生，肌理仿生也已成为新颖的表现形式，比如对自然和动物物态以及结构肌理纹的模仿，把握肌理的层次和美感，运用解构、重组、自由、混搭的方式，将新颖而大胆的视觉形象呈现出来，形象、鲜明地传达出自然的生命力（图 5-3-9）。

第六章 服饰造型方法 3——传承与创新

在西方服饰史上，女装造型历经自然宽松型、X 型、S 型、H 型以及 T 型的变化和交替，其中以束腰造型的 X 型的时间跨度最长，历史最为悠久，造型技术以及艺术表现最为复杂，是西方传统廓型的代表。这里以 X 型为典型例子来详细讲解服饰造型的传承与创新。

第一节 传统 X 型的造型

一、关于传统 X 型

X 型是指服饰轮廓外形呈 X 字形的服饰造型（用英文字母 X 来表示造型，既形象又准确）。若 X 型用几何形来表示的话，它则是两个三角形的组合。X 型是在女性人体本有的特征上提炼的结果（图 6-1-1）。

X 型以宽肩、细腰、阔摆为造型特征，将女人体本有的 X 形体型特征进行夸张处理，如肩部和下摆同时夸大，腰部收紧，使视觉焦点集中在腰部。传统的 X 型是两个三角形上下的组合，具有鲜明的几何形特征（图 6-1-2）。

X 型是西方女装传统的造型，具有鲜明的女性特质。从文艺复兴时期开始，X 身形的完美塑造经历了不同时代的演变，造型细节的变化也呈现出不同的审美趣味，由初始的僵硬、平直，到后期的柔软、圆润，在浪漫主义时期达到巅峰，至 19 世纪中期的新洛可可时期进入尾声。其极度女性化的造型，不但塑造出极具女性特质的外轮廓特征，同时对穿着者身份也起到了重要的标识作用，具有经典的造型风格特征。到 20 世纪 50 年代，它经由设计师的改革和创新，呈现出现代经典的"新风貌"。

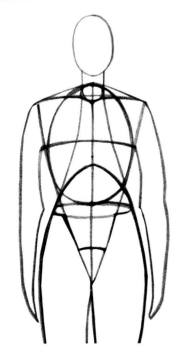

图 6-1-1 女人体上半身的三角概括特征

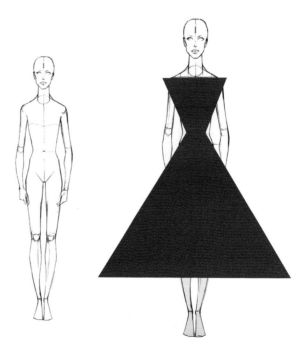

图 6-1-2 X 型服饰造型示意图

二、传统 X 型的造型特征

X 型的特征为上紧下松、细腰、阔臀（不同裙型），露出脖颈的低胸领口，以及各种夸张特征的袖子。

1. 上紧下松的强对比造型特征

夸张人体的 X 形身型，以人工塑型的手法展现人体本身的形体特征，依靠紧身胸衣和庞大裙撑组合强化女性的优美性感曲线。其服饰结构上的上下分体，断开连接，上部分采用紧身合体的窄衣形制，下半部分采用膨大裙装，以此达到上下两个形似三角的组合而构成完美的 X 形，形成抽象的人工美。其突出细腰，从而表现出与男子迥然不同的细腰丰臀的性感形象，整体造型呈上轻下重、安定对称的静态感（图 6-1-3）。此形制的夸张的塑型效果，为现代女装女性化的优雅风格奠定了基调。

图 6-1-3 在紧身胸衣和裙撑的作用下形成的上紧下松的 X 型特征

女装上衣部分对女体体型和胸腰差的问题主要通过省道、分割线或褶裥等处理方式解决，这些各种结构尝试使得上半身合体紧身状态达到完美。同时下半部分通过臀部的围度与宽松度来进行不同裙体造型的变化，而裙摆则通过不同裙型展现造型。在夸张的 X 造型中，女性通过膨大的裙撑来夸大臀围尺度，塑造出上紧下松的造型，通过庞大裙子与纤细腰肢的对比，产生静态的炫耀性扩张的造型效果。

16 世纪的文艺复兴时期，人体曲线成为了造型的审美关键，强化人工形态的雕琢，女装重心下移，上身合体紧身，突出细腰，下身夸大得像铜钟状，裙子借助于裙撑而呈现为一个稳定的圆钟形。裙撑法勤盖尔（Farthingale）的发明和使用，使女装下半身膨大化成为定型。自此，女裙造型和裙撑的形状密不可分，紧身合体的上衣和膨松宽大的裙装为典型轮廓造型，成为各个时期着装风格表现的重点。

用来支撑裙身造型、撑开裙褶的撑架物——裙撑流行于 16—19 世纪。各个时期的裙撑虽然在造型上有轻重和形状的细微差别，但总体特征大同小异，上小下大地按顺序一圈圈排列，形成收缩腰围、扩大下摆的圆锥形造型，充分满足女装下半部分裙型的成型需求。从最初的圆锥形法勤盖尔裙撑到扁圆形的帕尼尔式（Panier），到 19 世纪 40 年代初圆台形的大型裙撑克里诺林（Crinoline），再到前扁后膨圆的巴斯尔裙撑，直至完全消失。进入 20 世纪后，塑造 X 身型的紧身胸衣和裙撑彻底从女性的日常服饰中消失，设计师通过在造型理念和结构上的变化衍生出新的 X 型造型特征，使其在原有的基础上向着自然与健康的方向发展和创新。

2. 以腰部为中心展开的造型特征

腰部指人体的胯上肋下的部分，在髋骨和假肋之间，即连接上半身和下肢的人体的中部，是人体最细的部位。在女装造型中腰部的塑造是至关重要的。X 型以细腰为特征，同时还以各种形状的腰线的设置和腰饰的添加来强化腰部的造型，形成视觉焦点。

1）细腰

X 型以细腰为特征，所以为了使腰身看起来更加的纤细，紧身胸衣发挥了重要的作用。细腰与丰胸、阔臀，构成了紧身造型格局，与男性形象互为辉映。对腰部围度的极度收缩，成为 X 形造型的重点，并以此为中心展开了各个时期对不同 X 型的造型追求。

极细的腰身是对极致美的追求。倡导束腰是从 16 世纪文艺复兴时期开始的。从 16 世纪一直到 19 世纪末 20 世纪初，X 型的腰部尺寸一直被控制在小于人体腰部本有的围度基础上，以紧身的极细造型取得造型的夸张（图 6-1-4）。

进入 20 世纪后，由于社会环境和时代的发展变化，过于紧束的腰身不适合新时代服饰造型的机能性需求，腰部的塑造需要新的塑型技术来重塑其光彩，于是圆润且极具女性味的"新风貌"X 型开始呈现，其腰部依然很细，但与古典时期的极端紧束截然不同，它是自然状态的收敛，且朝着更自然健康、轻便优美的方向发展（图 6-1-5）。

图 6-1-4 16—19 世纪的腰部造型　　　　　　图 6-1-5 20 世纪 50 年代的腰部造型

2）腰线的形状

腰线即腰围线或腰节线，是水平围绕人体最细部位一周的围线。具体到服饰造型上，腰线指腰部接缝线，即连接服饰上下部分的分割线。腰部接缝线的设置和形状直接关系到造型的风格。X 型在结构上以上部分的紧身窄衣和下半部分膨大裙装的分体造型与连接为特点，上下结合方式成为造型结构中重点考虑的点，比如腰线的变化，其最为显著。

X 型腰线的位置通常处于腰部最细的位置。在 20 世纪前腰部接缝线主要以三角形的低而尖的 V 形线为主（这种 V 形接缝线成为传统 X 型最为鲜明的造型细节），20 世纪之后 V 形接缝线逐渐消失，以单线或不同宽窄的双线为特征的水平横线成为主流，其在形式上更为简洁，在功能上更为实用。

而每一次腰线的变化都会给造型带来新鲜感，不同裙型的呈现和腰线的设置会产生直接的关联，不仅是造型技术和造型方法的展现同时也是对人体美的修饰和夸张（图 6-1-6）。

 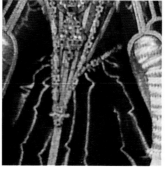 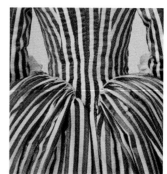

（1）16 世纪文艺复兴时期的腰线　　　　　　（2）18 世纪洛可可时期的腰线

（3）19 世纪初浪漫主义时期的腰线　　　　　　（4）19 世纪中浪漫主义时期的腰线

（4）19 世纪中浪漫主义时期的腰线（续）　　　　（5）20 世纪 50 年代的腰线

图 6-1-6　16 世纪至 20 世纪不同时期的腰线变化特征

3）腰饰

腰饰即为腰部装饰，具体指除接缝线以外的系带、系绳、腰带、腰封、腰链、缝缀添加珠饰、腰部打褶等造型手法，既起到装饰腰部的作用，又起到强化腰线的作用，起到上下比例分配和谐的独特效果（图 6-1-7）。

用腰部系带来体现女装的造型特征早在古希腊时期就开始了尝试。通过把长方形的布料在人体上进行披挂、缠裹或系扎固定来塑造出悬垂褶皱的宽松服饰，形成"无形之形"的特殊服饰风貌，如常见的希顿（Chiton），在宽大的连体布料的着装情况下通过腰部不同方式的绳带系扎，形成优美的深褶。之后，服饰造型从连体式发展到部件构成式，女装上下分裁的思想也源于对腰部塑造的重视，以紧束的腰部造型来展现 X 型的女性特质。

X 型始终围绕腰部来展开造型的变化，腰部成为造型的焦点，因此，无论是传统还是革新，X 型以腰部为中心的特征一直未变。

（1）16世纪文艺复兴时期的腰饰　　（2）18世纪洛可可时期的腰饰　　（3）19世纪中新洛可可时期的腰饰

（4）19世纪初浪漫主义时期的腰饰　　　　　　　（5）20世纪50年代的腰饰

（5）20世纪50年代的腰饰（续）

图6-1-7　16世纪至20世纪不同时期的腰部装饰

第二节 不同时期传统 X 型的展现

　　西方服饰造型的演变过程大致可分为五个阶段：史前和上古时期、中世纪时期、文艺复兴时期、巴洛克与洛可可时期，以及近现代时期。由于不同的时代特征，各个时期呈现出不同的造型风貌。史前和上古时期的服饰造型属于无定型的宽衣结构。进入中世纪之后服饰在此形制基础之上向着紧身合体的方向发展，13世纪到15世纪的哥特式时期省道等结构处理手法的运用使服饰造型从此走向合体紧身的三维立体构筑，为此后西方服饰造型以突出男女性别为特征的夸张造型奠定了基础。在16世纪文艺复兴鼎盛时期，胸、腰、臀三围差形成的起伏所构成的人体曲线的塑造，一直是女装造型的重点。它通过人工手段对女性的自然体形加以整理，形成以腰部为造型中心的夸张 X 型。

　　在西方服饰史上15世纪中叶到18世纪末（即从文艺复兴时期到路易王朝结束）的这一历史阶段

称为近世纪，具体可分为三个阶段，即文艺复兴时期、巴洛克时期、洛可可时期。近世纪之后的 18 世纪末至 19 世纪末（从新古典主义到 S 型时期）属于近代。在长达几个世纪的服饰发展史中，X 型经历了文艺复兴时期的发轫、巴洛克及洛可可时期的繁荣、浪漫主义时期的极致至新洛可可时期的终结，以绚烂多姿的造型形态体现出女性着装的特点以及时代的审美观。

一、文艺复兴时期的发轫

文艺复兴指发生在 14 世纪到 16 世纪的一场反映新兴资产阶级要求的欧洲思想文化运动，即意指希腊与罗马古典文化的再生、复活。文艺复兴时期人们追求人的个性，反对宗教对人的束缚，服饰不再只是宗教的写意，而是人类对自身形体的关注。人本身形体美是重点，同时认为自然的身体美只是人体美的一种素材或源泉，只有经过人为的加工和改造，才能达到理想中的完美状态。因此服饰造型理念以追求人体美为核心，强化人工形态的雕琢，走向追求服饰造型美的道路，显示出扩张、外放的特征。

这一时期出现了立体化的裁剪手段以及各种各样的人为手段来重塑服饰造型，比如：裙子有裙撑法勒盖尔（Farthingale），领子有夸张的圆形褶饰领拉夫（Ruffle），袖子有夸张的羊腿袖（Gigot Sleeve），整体服饰造型具有"加垫外形"（Padded Silhouette）的特征等。服饰呈现非常写实甚至是夸张地表现男女两性的体形性感特征。为达到夸张的体积感，采用了一系列补强手段，如：在男装上用填充物垫衬以加强肩和胸的宽阔雄伟，强化威猛雄壮的男性特征；女装则以丰胸、细腰、宽臀为审美标准，开始了夸张人体的 X 身型完美塑造阶段，以紧身胸衣和庞大裙撑组合来强化女性的优美、性感曲线，即上部分紧身窄衣和下半部分膨大裙装结构的分体设计与制作，通过腰部接缝连在一起，达到夸张的塑型效果。

此时期服饰造型经历了从初期的意大利风格到德意志风格，再到繁荣顶盛的西班牙风格，服饰造型夸张耀眼，表现出极致的奢华。整体造型上女装的造型重心在下半身，呈现出窄肩、细腰、大裙体，夸张的腹臀部与细腰形成对比。整件衣服分成若干个部分，比如分开裁剪的袖子和领子、上身和下裙等，注重服饰部件之间的独立与连接。此后造型变化的丰富多样都是以部件组合的造型结构优化为基础的。此时期主要的外衣有在腰部有接缝线的华丽连身长袍裙——罗布（Robe），其裙长及地，最为典型的特征是全身上下大量地使用填充物（如马毛、棉絮、碎羊毛和亚麻屑等填充物），使局部造型凸起，造型的体积感人为地大幅增加，扩大了造型。紧身胸衣与裙撑的组合支撑女装造型二部式构成特征的形成，裙撑的使用使女装下半身膨大化，裙身部分采用工整的叠褶使裙体的量增大，通过从上到下密集着的竖向褶将里外层的服饰显现出来。与下半身膨大化相对，女子在上半身盛行使用紧身胸衣，以达到紧身窄衣效果。罗布以腰围线为界，上下分别裁制，强化收腰，上身与裙子在腰围线处连接缝合或用细带通过服装边线上的小孔进行连接，为遮住不流畅的连接线条，连接处往往用装饰布掩盖起来。腰部的接缝在前中央呈倒三角形下垂，前中心呈 V 字形，底端越过腰际线，并在裙身上从这个锐角的顶点向下呈 A 字形打开，露出里面的衬裙，低而尖的 V 形接缝线在视觉上对纤细腰部进一步强化。在流行前开型罗布时，为遮住紧身胸衣就在胸前穿上了装饰性胸布——斯塔玛卡（Stomacker），起到了非常强的装饰作用。这种装饰一直延续到 17、18 世纪。罗布初期时模仿意大利风，领口开得很大很低，呈⌣形或 V 形（也有一字形），使胸口袒露，之后变化成方形、低领口，并装饰着带立领的小披肩——科拉（Koller），后期变成高领，科拉变成有碎褶的小领饰，成为后来的夸张褶领饰"拉夫"的雏形。整个造型在各个部位（如肘部、上臀部、前臂部等）都有许多切口装饰，从裂口处可看到里面各式色彩的内衣。袖子是最富有变化的造型部件之一，且体积大而夸张，可拆卸或更换，如泡泡袖、羊腿袖等，也可通过添加填充物使其膨胀，使不同的袖子与衣身搭配，以形成不同效果（图 6-2-1）。

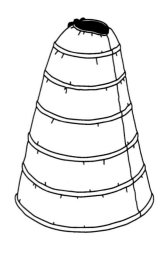

（1）女装造型　　　　　　　（2）袖子上的切口装饰　　　　　（3）裙撑（法勤盖尔）

图 6-2-1　文艺复兴时期女装造型及裙撑法勤盖尔

　　文艺复兴时期的德国和法国，服饰造型以使用多层毛毡制的内衬裙尝试使裙子膨大化，对外裙的处理通常采用数幅布料分块裁制前、后、侧等以适应较大的裙摆量，并进行直线拼合，形成配合夸张裙撑的裙身造型和量感，腰部通过收褶方式达到合体效果，下裙摆自然张开。16 世纪后半叶西班牙贵族创造的外观呈钟形的裙撑，用内部撑架创造了外部膨胀的裙体，它与紧身胸衣配合使用，成功地人工塑造出女性夸张的 X 型，其下身裙长及地，用裙撑使其撑开，呈现大而平坦的造型，给人一种人为的雕塑感。此时期的裙撑主要有三种式样，即西班牙式吊钟形裙撑、英式轮盘式裙撑和法式环形臀垫裙撑。西班牙式吊钟形裙撑主体是由以鲸鱼须、藤条、棕榈或金属丝制作成的圆圈，由上到下、由小到大的一圈圈按顺序排列，从而上小下大地收缩了腰围、扩大了下摆，形成圆锥形造型，而且罩在它外面的裙子也形成钟形。其裙装下摆展开量主要通过布的幅宽大小和破缝中加入的三角形布片来实现，腰部的合体主要用大量的整齐规律的折叠褶收量来实现，裙身即呈现出过度膨大的浑圆造型。法式环形臀垫裙撑是像轮胎形一样的环形填充物，用马尾织成套圈围绕在腰以下的臀腹部，两个顶端用带子系结以使之固定，外裙罩在外面被撑起而显得圆满，形成自腰部向四周平着伸开而在臀围附近再自然下垂的外形。英式轮盘式裙撑的造型特色与法式的类似，只是在法式的裙撑基础上再罩一个圆形的盖，盖的外沿用金属丝或鲸须等支撑成圆形，使造型向四周平伸得更宽阔，而内圈与轮胎形的法式裙撑连接。罩在裙撑外面的裙子在腰臀部出现两截，上面一层自腰部向四周放射状地平伸，腰部细密的叠褶规则地撑开，在臀围附近顺着裙撑边沿的角度自然下垂，上下形状转折部分角度清晰，整体造型轮廓更加鲜明。文艺复兴时期由于造型材质和造型技术处于发展的初始阶段，裙撑整体呈现出僵硬、平直的几何形状特点，使得服饰外轮廓也整体呈现出僵直、硬朗的夸张几何造型（图 6-2-2）。

　　西班牙风格时期女装在用裙撑夸张下半身的同时，上半身使用束腰的嵌有鲸须的无袖紧身胸衣来塑型：前面把胸部托起，腰腹部束紧，后背部中央系紧、压平，塑造出细腰之美。塑型作用下理想的廓型特点为管锥状几何化形体，造型整体呈现出 X 形。早在 13 世纪塑型胸衣就做过很多尝试，但紧身胸衣的发明是在 16 世纪后半叶，也正是从这个时代开始，女性的细腰成为表现 X 型特征的重要因素。这个时期出现了前后两片组合的铁质胸衣，一侧装合叶，另一侧用挂钩固定，由于铁质的材料无法和皮肤紧贴，因此出现了布制的紧身胸衣——苛尔·佩凯（Corps Pique）。此紧身胸衣前长后短，领口

图 6-2-2 夸张的几何形造型

为低的 U 形弧线，下摆前中心低、两侧高，在腰线处呈长而尖的倒三角形，主要通过坚硬的分片麻布面料缝合与辅助支撑材料的联合作用而强行塑造出僵直的倒三角形轮廓。其特征是共由两片直线分割片组合缝纳，中间加上薄衬，质感厚且硬挺，开口在后并用绳或细带系紧。为了保持形状和达到强制性束腰的效果，在前、侧、后的主要部分纵向地嵌入鲸须。前中央下垂的三角尖端部分叫巴斯克（Basque），里面嵌入用硬木或金属片做成的插骨（Busk），起到压平小腹的作用；巴斯克两侧对称地辑有平行绗缝线，鱼骨垂直地嵌入三层面料绗缝线之间的空隙；巴斯克的底端和衣身侧缝附近都有金属小孔，用来将紧身胸衣苛尔·佩凯和裙撑系合固定（图 6-2-3）。当时的着装顺序是，先贴身穿亚麻制的内衣，在内衣外面穿紧身胸衣，下半身穿上裙撑，沿着紧身胸衣的下缘内侧（腰围线附近）用钩扣或细带连接。

　　服饰外部轮廓的塑造除了加垫以扩充其体量大小外，主要还通过附着其表面的裙身的裁剪及结构来实现。女裙上半身的合体主要通过省道去除胸腰差形成的多余部分，或者切展加进三角形布片来达到效果。下裙采用矩形直线分片形式缝合，腰部均匀叠褶或抽褶形成收量的合体造型，下摆自然展开。

（1）紧身胸衣苛尔·佩凯正面和背面图

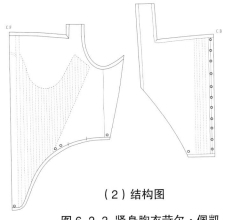

（2）结构图

图 6-2-3 紧身胸衣苛尔·佩凯

由于当时解决立体造型所需的结构方法还处于探索阶段，所以对造型结构的解决存在较多相对简单的地方。

二、巴洛克及洛可可时期的繁荣

巴洛克（Baroque）时期（1620—1715 年）的服饰造型，上承 16 世纪的文艺复兴样式，下启 18 世纪的洛可可（Rococo）风格，虽然在 X 型上没有什么突破，但有着对前后风格的演变、发展和基奠起着特殊的纽带作用，具有承前启后的特性。

巴洛克风格是西方对强调均衡与和谐的古典样式的突破和发展，具有雄伟、壮丽和豪放的底蕴。与僵直硬朗的文艺复兴样式相比，巴洛克风格显得生动活泼、富丽堂皇；与之后出现的娇柔细腻的洛可可风格相比，巴洛克风格气势磅礴、雄伟壮丽。在服装史上巴洛克风格时期可分为荷兰风时代和法国风时代，法国风时代服饰造型主要以路易十四时期宫廷为舞台的男性为中心而展开的造型，其必要的造型元素有褶裥、波浪边，造型手法有层叠、堆积等。

在荷兰风时代服饰造型去除了僵硬夸张的拉夫领和填充袖垫，女装最突出的是在造型上由僵硬变为柔软、由锐角变为圆角，在整体上呈现大而松散的造型。女装外裙依然采用上下分裁的二部式构造，上身合体，前片通过腰省做合体性处理，背部通过破缝做合体处理，尝试解决胸腰差和胸高问题。下身摒弃了硕大的巨型裙撑，但依然以紧束的收腰为主，腰线上移，夸张僵硬的 X 外形线变得平缓、柔和、自然。罗布外裙是女装的重点，具有松垂、多褶、曳长的特点，除了最外层的罗布以外，还要穿三条不同颜色的裙子，以取代裙撑，行走时常把外裙提起来或在前面打开，以露出里面的裙子，为服饰造型的艺术效果增添了情趣。领子除了与男服一样的披肩领以外，还出现了低领口的袒胸形式，整体形象使人耳目一新。

在法国风时代服饰造型以法国宫廷风格为主，女装走向人工造型的复辟，紧身胸衣在这一时期重新回归，出现了第一批由全鲸骨嵌入制成的紧身胸衣——苛尔·巴莱耐（Corps Baleine），其造型呈锥形，制作更加精巧，廓型更加饱满、细长，结构和工艺不断向着更加合体与舒适的方向发展。其特点是前片和后片分离开，并使用丝带在肩带处做连接，由两层及以上的麻布、棉布制成，在腰部嵌入鲸须，缝线从腰向胸呈放射状扇形张开，在两层面料之间的绗缝线迹中插入鲸骨，鱼骨从前中呈放射状向胸围线散开，在女性的臀部附近自然张开，底部附有小垂片，垂片的内侧接缝处有钩扣，可以和下面的衬裙连接（图 6-2-4（1））。苛尔·巴莱耐的表面绗缝线迹和材质装饰常直接作为外衣显露在外，下摆有一圈装饰布，装饰布的内侧接缝处有钩扣，与下身裙子相连接，这样前中央下突的三角形部分在穿

（1）紧身胸衣苛尔·巴莱耐

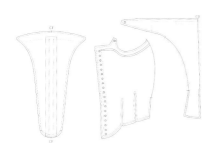

（2）紧身胸衣苕尔·巴莱耐结构图

（3）女装造型

（4）腰部造型特点

图 6-2-4 巴洛克时期服饰造型和紧身胸衣

着时露在外面，上下色彩与质感一致，形成外表是完整的连衣裙的错觉（图 6-2-4（2）—（4））。

法国风时代女裙罗布领型一改文艺复兴时期的夸张拉夫领和荷兰风时代的大翻领，创造出一种能体现女性柔美特征的一字形低领，露出肩和颈，展现女性柔美的造型结构特征。裙子仍然采用蓬松与庞大廓型的多褶圆裙，采用去掉裙撑而通过多层重叠穿用的方法来形成造型，裙长及地，腰间多而密的规律折叠褶或抽褶使裙摆围度加大而显得膨大。腰围处的褶是重点，规律而工整，体现出庄严肃穆、厚重壮丽，与之后出现的洛可可时期突出褶的渐变与更为柔美的褶有很大的区别（图 6-2-5（1））。有时最外层的裙子从腰处开衩并向外翻，腰臀后部产生堆积效果，用花结或者扣子系起来，突出臀部立体、蓬松的效果，与前片平直的造型形成对照（图 6-2-5（2））。女性 X 身型由衬裙撑起

（1）巴洛克风格的女装

（2）前面平直、后臀堆积的女裙造型

图 6-2-5 巴洛克时期女装造型特征

的多褶裙与上半身服装相配，营造出流畅、和谐的视觉观感，造型被塑造得更平缓、柔和、自然。

在 18 世纪前期巴洛克风格逐渐演变为洛可可风格。洛可可风格时期（1715—1789 年），服饰造型是以女性为中心的沙龙舞台展开的优雅样式，在服饰上比巴洛克时期更突显出女性特征，以纤弱柔和的女性风格取代男性化的力量感，从粗狂、强硬转为纤细、优美，是用褶裥、波浪边、蕾丝堆砌的华丽服饰造型风格。这种创新变化被称为洛可可时尚。洛可可风格盛行于路易十五统治时期，服饰着重刻画装点女性的柔媚，人工美发展到登峰造极的地步，具有轻快、精致、细腻、繁复等特点，富有流畅而优雅的曲线美。女装在这段时期充分体现出女性化的一面，在造型上以优美的 X 型轮廓为特点，强调裙、袖的层次和量感，上紧下松，把女性曲线塑造成柔软、优美的艺术品，给人以优雅梦幻、浪漫柔美的印象。

洛可可风格时期紧身胸衣和裙撑的组合在造型上再次发挥作用。女装由内部的薄型连衣裙内衣（Chemise）、紧身胸衣（Corset）、倒三角形胸饰衣片斯塔玛卡（Stomacker）、裙撑帕尼埃（Pannier）和罩在裙撑外的衬裙以及最外面的罩裙罗布（Robe）组成。作为最外层的罗布裙变化样式最丰富，此时期罗布以前开式为多，上下连裁，在前中心两侧分片，向两侧倾斜形成正三角形的区域，前中部分露出里面的衬裙，上身若为紧身胸衣其装饰性不强，则需要在胸前添加一个三角形的胸饰衣片，即斯塔玛卡。通常穿着时用线将它和前开式罗布的门襟缝在一起来固定，前开式的罗布门襟通常装饰着花边，可以遮住前中三角形与罩裙缝合的线迹，斯塔玛卡的中央与里面的紧身胸衣一样呈下垂的尖锐三角形，视觉上有收缩腰部的作用。

洛可可时期服饰从其发展过程上可分为三个阶段：1715—1730 年"奥尔良公爵摄政"时代，为巴洛克向洛可可过渡的时期；1730—1770 年路易十五时代，为洛可可的鼎盛时期；1770—1789 年路易十六时代，为洛可可的衰落时期。奥尔良公爵摄政时代的女装主要有法国式罗布（法语为 Robeàlafrançaise，英语为 Sack-back Gown，即背袋裙），整体造型是前开式的罗布门襟，腰部上下相连属的衣身联合裁制，通过省道的运用收取胸腰差呈 X 型，在后背领窝处有规律折叠的箱形普利兹褶（普利兹褶为单向折叠熨烫成形的直褶或对称折叠成工字形的褶），从肩部直拖至地面，呈又宽又长的拖裙形式，类似披风的形状，底部和裙身相连，造型优美流畅。下身裙撑撑起的大面积布料由不同分割片拼接而成（图 6-2-6（1）至（3））。此时期以穹顶形的鲸骨圈为特点的帕尼埃（Pannier）裙撑，取代了古老的钟式裙撑。帕尼埃早期呈圆屋顶形状，底部周长约有 2.4 米，之后逐渐变成前后扁平，左右横宽的吊钟

（1）法国式罗布后背的箱形普利兹褶

（2）法国式罗布正面整体造型

（3）法国式罗布背面整体造型　　　　　　　（4）帕尼埃裙撑

图 6-2-6　洛可可时期的法国式罗布和帕尼埃裙撑

状的椭圆形（图 6-2-6（4））。

　　路易十五时代洛可可服饰保留了宽大的髋部和紧身胸衣，上半身的合体常用省道、破缝或褶饰来解决服饰的合体性。经过改良后的紧身胸衣，其制作技术更加先进，为椭圆形低领口，腰围线逐渐下降，前中和后中的长度也逐渐增加至臀部，下摆一圈有 H 形缀片，前侧的分割线从袖窿处呈对角状与前中的底端相连，后侧的分割线从后中处的袖窿连接至人体腰部附近。这样的分割线设置塑造出了圆锥状的人体廓型，使穿着者的整体形态浑圆丰满。前中的巴斯克（Basque）也不再像上个世纪那样坚硬僵直，而是与前中缝的曲线相吻合，背后的鲸须为直线式嵌入，强迫性地压迫肩胛骨，塑造出平整的背部，其造型更加自然贴体（图 6-2-7）。由紧身胸衣将躯干在腰部以上束裹成平挺的圆锥体，正视呈倒三角形。装饰华美的紧身胸衣接上袖子就和短上衣一样，可以直接搭配衬裙穿着。而此时期短上衣有的采用可拆卸的方式，衣身与袖子分离，用绳带或挂钩连接，且衣身与袖子都采用绳带系扎的方式收紧，卸下袖子穿着就相当于穿紧身胸衣，可以在外面罩有袖的长袍。

　　裙撑帕尼埃向两侧扩张，且越来越宽，在路易十五时代达到鼎盛，从过于宽大的裙子到瘦削的肩膀，再到发型高耸的头部，整个造型呈现出圆锥形，视觉上呈像建筑一样的圆弧形穹顶。同时期，一种与英国曼图亚（Mantua）相似的造型夸张的宫装（court dress）或称全装（full dress）流行起来，其特点是装有可拆卸的蕾丝袖口边的七分袖，后肩颈部叠褶，而后自然垂坠形成拖据。衬裙罩在极度横宽的裙撑上，前面非常平坦，裙子部分在后臀处左右各缝一半圆形线迹，裙身在腰部接缝处起褶（图 6-2-8）。作为宫廷礼服的外衣，其裙子宽度曾一度达到顶峰，以最极致的方式展示穿着者的身份。

　　由于裙撑的作用，外裙夸张而膨大，裙身通过大量褶饰体现造型，同时以等距或不等距的形式并通过褶饰的大小和折叠方向来配合改变裙撑造型。裙腰处多在前面和两侧通过大型矩形面料抽褶的结构做规律的或渐变的折叠褶或抽缩褶。立体饰褶增加了服饰在造型上的立体感和夸张感，堆褶的装饰方法在洛可可女装中有多种变化形式，其最有特点的一种是将裙摆的边缘向上堆褶后，每隔一段距离

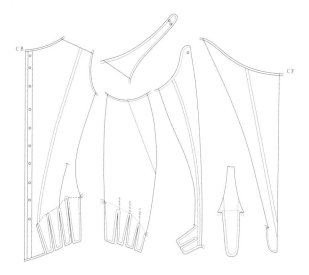

图 6-2-7　紧身胸衣正面图及结构图

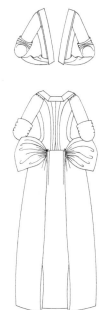
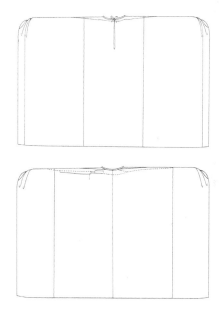

（1）宫装外衣造型

（2）大型帕尼埃的裙撑

图 6-2-8　宫装外衣造型和大型帕尼埃的裙撑

扎系，使裙摆形成弧形帷幔，下面露出垂坠的衬裙。这一时期堆积的褶裥、弧形波浪边、繁复的裙裾等每一处都经过精缒细缝，其造型精巧玲珑，卷曲的内衬和无尽的繁复细节相得益彰，使服饰造型艺术得到最完美的体现。喇叭形带翼的袖口发展至此已被层叠的波浪褶边取代，通常分为两层（有时也为三层），波纹由细而宽，褶边镶着豪华的边饰，波浪褶所形成的边缘轮廓线以及曲线凸凹的外观效果，

（1）袖口细节

（2）裙身褶饰造型

图 6-2-9　洛可可女装的华丽造型

使衣边层次起伏、轻盈飘逸，极具女性特质（图 6-2-9）。

领型在这段时期延续着平领的造型，领口线形状多样。1776 年受波兰服饰影响，一种被称作波兰式罗布（robe a la polonaise）的裙装流行起来，它包括切尔卡西亚式（Circassienne）和土耳其式（Turkey），二者共同之处是袖子很短，穿着时露出里面衣服的长袖，不同之处是切尔卡西亚式是圆摆而土耳其式罗布后裙摆有拖据。波兰式罗布的特点是裙长至可露脚，其特征是裙子部分在后侧分两处，像幕布或窗帘似的向上提起，臀部形成三个半圆形的形状。为把裙子束起，罗布的后腰内侧装着两条细绳，在表面相同的地方装饰着扣子或缎带，细绳从里面下落并经裙摆向上把裙子捆束起来。绳端挂在或系在表面的扣子上，还有的在内侧裙摆处装上带环，绳穿过此环向上并把裙子提起来系上，其外表也同样形成自然的团状，可以露出里面的衬裙（图 6-2-10）。

洛可可风格的前、中、后三个时期服饰变化具有很明显的差异性，这说明女装流行的速度较之前明显加快了。路易十六时代是洛可可风格结束、新古典主义服饰样式兴起的转换期。1800 年正式进入从人工形向自然形方向回归的新古典主义时期。

三、浪漫主义时期的极致

在服饰史中浪漫主义时期指 1825—1845 年，是在历经巴洛克时期的流动、洛可可时期的优雅以及新古典

图 6-2-10　波兰式罗布裙身垂幔造型

主义时期的简练朴素之后的时期。浪漫主义起源于中世纪法语中的 Romance 一词，Romantique 是其形容词，意为浪漫的，"罗曼蒂克"一词也由此音译而来。"浪漫主义"指艺术的创作方法和思潮，在反映客观现实上侧重从主观内心世界出发，按照人们希望的样子抒发对理想世界的热烈追求，常用瑰丽的想象和夸张的手法来塑造形象。浪漫主义宗旨与"理性"相对立，主要特征是注重个人感情的表达，形式较少拘束且自由奔放，是政治上对封建领主和基督教会联合统治的反抗，也是文艺上对法国新古典主义的反抗。此时期是在漫长的人类服饰演变发展中迎来了第一次复古潮流，服饰将人们复活中世纪文化的逃离现实的心态表现得淋漓尽致。这一时期服饰朝着追求 16 世纪宫廷趣味的方向发展，重视女性化的造型和美感，X 型重回视线，男装也收细腰身，甚至不惜使用紧身胸衣。

浪漫主义时期服饰的主要造型元素有细腰、泡泡袖、多层次折叠褶、抽褶、波浪褶等，整体给人浪漫、华丽、轻快的柔美风格，表现特征为宽肩、细腰，上衣用夸大的泡泡袖、灯笼袖或羊腿袖来延展肩线，搭配夸张的圆台裙型，整体塑造成优美的 X 型。其外轮廓线柔和圆润，显现出轻快活泼之感，造型风格体现了蔓延于社会的浪漫情怀。为了突出细腰，肩部不断地向横宽方向扩张，袖根部极度膨大化，甚至使用了鲸须、金属丝做撑垫或用羽毛做填充物。这其中的夸张、女性化的造型和细节，具有回归传统的意味，但与洛可可时期的 X 型不同的是，此时的 X 型开始具有现代的意味，它是一种近代的风格。其腰部看起来更细，呈 V 形的接缝线简洁利落，夸张圆润的裙型，裙身上褶饰更流畅简洁，少了堆砌的累赘，强对比手法展现出了现代的造型思维，为 19 世纪中期克里诺林时代以及 20 世纪 50 年代 X 型的创新奠定了基础。

女装由内衣、裙、外套组成，恢复以鲸须和柔韧的钢条所制的圆膨型裙撑和紧身胸衣，开始出现落肩与夸张的羊腿袖，此时期女装腰线位置也由新古典时期的高腰线下降至合乎人体腰部正常位置。首先是衣身和下裙，延续断开的二部式构造，各自独立、变化自由。上半身造型运用左右对称的省道、分割线或规律的折叠褶裥等结构来解决胸腰差，使造型紧身合体。褶常用水平横向折叠、斜向折叠或纵向折叠，呈直线或曲线的形式，使前胸到腰部的所有褶饰方向一致，其线条的曲率、折叠方向的丰富变化以及疏密有致的宽窄变化和均匀的褶痕，在外观上形成一条条连续变化的弧线，真正达到褶从结构上代替收省、分割线的作用，使造型更合体。为强调细腰，衣服前中心呈锐角尖形的接缝线再次登场。在 1828 年左右强调细腰衣身前中心的腰部接缝线呈极尖锐角 V 形，一直到 1830 年代末期，前中 V 形接缝线都很流行，其 V 形线型锐利简洁，视觉上进一步强化了细腰（图 6-2-11（1））。此外，若采用水平形式腰部接缝线，则通常用增加一定宽度的腰封或腰带来装饰腰部，以突出细腰的美感（图 6-2-11（2））。

为了强调女性特征，使用紧身胸衣科尔塞特（Corset）来达到塑形目的。科尔塞特的上止口线呈一字形，下摆呈尖而窄的圆弧形，上宽下窄，前长后短，无肩带。科尔塞特采用插入三角形档布的方法来解决如何使造型更立体的问题，其胸衣上面的纳缝线按不同部位和不同方向辑线，排列紧密，鲸须由上向下呈放射状嵌在布料里，背后有交叉状的绑带用来控制松紧。圆形裙通过多层衬裙的内衬来达到塑型效果，五六条的衬裙以及粗布浆过的平布衬裙成为女性不可缺少的内衬服饰，裙身量感通过衬裙的增加而不断加强（图 6-2-12）。

外裙采用开口到肩的大一字领和 V 形领，领口低至胸部、宽至肩部，使胸部造型更显饱满，有时低领口领常增加大的翻领或重叠数层的飞边、蕾丝边饰来达到肩部延展效果，因此更强化了细腰的效果，其他的还有如有褶饰的高立领、重叠几层蕾丝边饰的披肩领等。下身的裙子由于独立裁剪制作，因此造型夸张、体积饱满而具有量感，采用单层式和多层波浪边渐变宝塔式——帕哥达·斯里布（Pagoda Sleeve）的裙饰的结构形式，长度一改以往的拖地而长及踝部或刚好及地，造型通常为大 A 字形和圆形，

（1）V形腰部接缝线造型 　　　　　（2）装饰腰封或腰带的水平形式腰部接缝线造型

图 6-2-11　浪漫主义时期女装腰部造型特征

具有干净利落的现代造型特征。裙子表面的装饰依然用到堆褶、波浪褶等立体造型元素，但形式更简洁、规律，通常只作为线状或面状装饰在裙边或底摆，起到画龙点睛的作用。采用切展放量的扇形裁片在腰部起褶结构状态，通过大量折叠褶或抽缩褶体现造型，折痕均匀而富有力度，整个腰围起褶一周和前中心左右两侧对称起褶，出现纵向延伸的褶痕线，简洁流畅（图 6-2-13）。

　　造型更饱满和夸张的落肩泡泡袖，抽褶灯笼袖以及袖根部夸大的羊腿袖等，配合肩部的延展，衬托出腰部的纤细。低领女装多用有斯拉修（slash 切口）装饰的帕夫袖（Puff

图 6-2-12　紧身胸衣科尔塞特（corset）和衬裙造型

图 6-2-13　浪漫主义时期女装裙身造型特征

图 6-2-14 浪漫主义时期女装的夸张袖子造型

Sleeve 泡泡袖），高立领的女装多采用羊腿袖与倒三角形衣身配合，还有袖山上体量感强的用数层蕾丝制作的波浪边和波浪褶饰的贝雷式袖（Beret Sleeves）、宝塔袖（Pagoda Sleeve）、披肩袖都是浪漫主义袖型的代表，整体造型突出女性的曲线美感，呈现夸张的对比美（图 6-2-14）。

　　浪漫主义风格服饰从中期开始袖子慢慢变小，直至晚期回归常规的状态，但是裙身的量感加大。为了突出细腰与夸张的裙摆，裙子逐渐膨大化，衬裙的数量越来越多，由大 A 字转变为圆形，体积越发饱满，为新洛可可时期裙撑的出现创造条件。

四、新洛可可时期的终结

　　19 世纪 50—60 年代法国发展迅速，进入近代史上的第二帝政时代，完成了工业革命，在经济发展的条件下大规模改造巴黎市区，显示出帝国的繁荣。与此同时，与法国并称"世界工厂"的英国，正值维多利亚女王执政时代。这个时期科学技术飞速发展。1858 年查尔斯·芙莱戴里克·沃斯（Charles Frederick Worth）在巴黎开设了高级时装店（Haute Couture），进一步带动和促进了法国的纺织业和服饰业的发展。英法资本主义的发展和法国第二帝政宫廷的权威使服饰的审美趣味又回到宫廷，贵族女性的休闲使其着重于对自身的刻意装扮，理想的女子是纤柔并带点伤感，面色白皙、小巧玲珑、文雅可爱，是供男性欣赏的洋娃娃，这种女性美的标准使女服再次回到 18 世纪洛可可趣味，故称为新洛可可时期。所谓新洛可可时期主要指这一时期的女装推崇路易十六时代的华丽样式，不仅继承了巴洛克和洛可可时期追求曲线和装饰的特点，而且向着放弃功能、着力追求艺术效果以及束缚行动自由的方向发展。裙子膨大化，出现了新的裙撑克里诺林取代以往累赘的多层衬裙，所以服饰史上也称其为克里诺林时代。在新洛可可时期的这 20 年里，女性性感、柔美的 X 外形特征以及紧瘦的上身与夸张膨起的下体形成的对比，成为新的流行。

新洛可可时期女装造型起源于浪漫主义风格的末尾，与浪漫主义时期女装造型不同之处主要在于：一是袖子变小、裙子体积变大；二是裙装腰线有时下移，有时消失，但总体依然以收腰的 X 形为特征。新洛可可时期的女装产生于成熟的资产阶级执政时期,受当时的科学技术发展水平等多种因素的影响，造型上吸收了科学技术中强调的理性因素，在总体上呈现出一种恬静、富有涵养的女性特征。女装由内衣、裙、外套等组成。贵族女子在着装上向束缚自己自由行动的方向努力，其中裙子是最受重视的服饰。一件式裙装是上下通过接缝连接的公主式风格连身裙。此时上半身衣服有两种形式：一种是沿袭以往的腰部断开的半截式，正面腰部平直呈三角形，通过 V 形接缝线与下裙相连（图 6-2-15（1））。另一种则明显与以往不同，即衣下摆逐步加长过腰围线，上衣超过腰线的下摆覆盖在裙子外边，成为没有腰部接缝线的短外套与下裙连接，上半身合体紧身，通过前后胸省、腰省、侧缝刀背省、后腰省等综合收省处理来达到合体的效果。这类服装采用前开式门襟，单排扣或双排扣，展现出女装向男装靠拢的现代倾向（图 6-2-15（2））。

（1）一件式裙装样式　　　　　　　　　　（2）两件式裙装样式

图 6-2-15 新洛可可时期的女装造型

短上衣形式和紧身胸衣造型的改良有着直接联系。19 世纪中期以来，为追随流行形象，对紧身胸衣进行了各种改良，蒸汽定型法、织造技术的进步、缝纫机的出现等都促进了紧身胸衣的发展。紧身胸衣科尔赛特在这个时期的形状更加精美，结构更优越，有着更好的塑型效果，其形状特点为：前后衣长相近，长度过腰节线，上口线及下摆呈圆顺的弧形，贴合人体臀部曲线，由六片弯曲程度较大的分割片组成，采用弧型分割线的方法平衡胸腰差，通过数片不同形状的布纵向拼接，以做成合乎体型起伏的效果，腰部纤细、胸部饱满、臀部突出，造型更加贴合人体，呈现出该时期的完美 X 轮廓（图 6-2-16）。

由于新型裙撑克里诺林的使用大大扩展了裙身的体积，裙围大到 5～9 米，致使上下产生强烈对比。裙身多采用单层式多褶裙或多层波浪边渐变宝塔式，裙摆拖地，后逐渐加长，最长时可后拖数米。

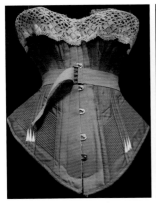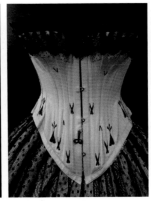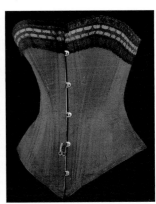

（1）不同细节的前开式紧身胸衣

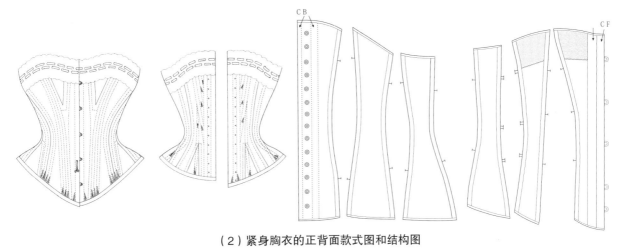

（2）紧身胸衣的正背面款式图和结构图

图6-2-16 前开式紧身胸衣科尔赛特（Corset）

由于裙子体积变大，裙饰也变得越来越丰富，腰部通过抽褶和一些固定的折叠褶结构塑造款型，细密的抽缩褶和横向一段一段的多重波浪褶饰丰富了裙体造型，同时饰有缎带、堆褶、抽褶、波浪边和波浪褶缘饰等（图6-2-17）。到20世纪60年代后期，裙子的膨鼓状态向身后转移，撑起的圆形裙子最后外裙上提，折向后面裙撑，使后面篷起，转变为前面平直后面上翘下拖的式样，裙子的重点移向身后，表现出强调臀部造型的特征。

领子延续上个时代的高立领和低领口领，且低领口领通常是四角形或是V形，用蕾丝做边饰。这个时期袖根极端膨胀的袖子完全消失而回到常规大小，

图6-2-17 新洛可可时期的不同裙饰造型

图 6-2-17 新洛可可时期的不同裙饰造型（续）

出现两件式裙装，上装为仿男式的前开襟式上衣，有紧身上衣夹克（Jacket Bodice）、巴斯克衫（Basques）、丘尼卡（Tunic）、帕尔特（Paletor）等，其无论长短都合体收腰，且通过省道或刀背缝分割结构处理来达到紧身合体的优美造型效果（图6-2-18）。

浪漫主义晚期由于裙子体积变大，女性穿多层衬裙十分不便，于是出现了新型的克里诺林裙撑，相比多层粗布衬裙而言，裙撑在轻便的同时也使女性的腰部更为苗条。克里诺林裙撑是一种用马尾、棉布或亚麻布上浆变硬后做的硬质裙撑，呈圆锥形。最初的克里诺林先是用马尾衬做的硬衬裙，后加入几个细铁丝圈。1850年底，英国人发明了用鲸须、鸟羽的茎骨、细铁丝或藤条做轮骨，用带子连接成的鸟笼状的新型克里诺林。与之前的裙撑形状不同的是，克里诺林裙撑呈优美的圆台形，造型优雅、小巧玲珑，这为外裙裙型轮廓的塑造打下良好的基础，使整体造型虽夸张但圆润自然，更贴合人体的自然曲线美（图6-2-

图 6-2-18 新洛可可时期女装前开式束腰造型

19）。自1867—1872年裙撑去掉轮骨，前面变平坦并向后倾斜，形成前平后凸的大A形，且后面向外扩张较大，从而显得质轻、有弹性、更加方便，最后变成了巴斯尔时期（Bustle）的臀垫，服饰也由此进入了另一个时代——巴斯尔时期。

至新洛可可时期，X型就被之后的巴斯尔样式、S型、H型、T型逐一取代，到20世纪50年代它以现代革新的"新风貌"再次复兴，腰部依然是其造型的中心，女性化特质的优雅和造型内涵是其永无止境的追求。

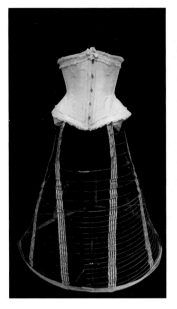
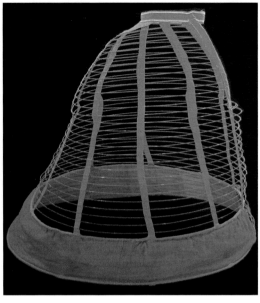

图 6-2-19 克里诺林（Crinoline）裙撑

第三节 现代 X 型的传承与创新

现代是相对于古代和近代而言，指工业化以后的两个历史时期：第一个时期是指两次世界大战期间，第二个时期指 1950 年代后期到 1960 年代后期。现代风格即设计和艺术风格，具有简洁、实用等多方面的特点。服饰造型的现代化主要指改变古典审美观，从曲线造型的古典繁复过渡到直线造型的现代简约，追求外形简单、功能化，形式与内容统一的格调，以实用性、流行性著称。

一、现代 X 型的特点

现代 X 型产生于 20 世纪 50 年代，其外形弧线化，具体体现在圆润平缓的自然肩线、纤细的腰部、宽阔的大长裙摆的三围对照效果，具有简洁、精致、优雅的女性特质，整体呈现自然柔和的沙漏型（图 6-3-1）。它是在传统 X 基础上的变化和创新，去除了紧身胸衣和裙撑，以结构变化为特征塑造出了新时代更简洁和具功能性的"新风貌"造型。

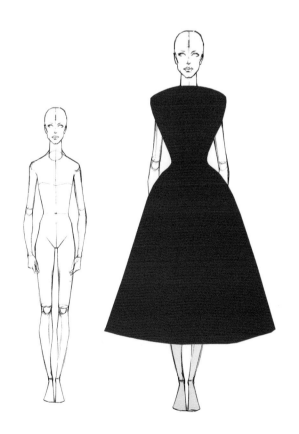

图 6-3-1 现代 X 型示意图

二、"新风貌"的灵感来源与造型表现

20世纪50年代是现代女装的一个重要发展时期。"新风貌"（New Look）指克里斯汀·迪奥（Christian Dior）在第二次世界大战后的20世纪四五十年代以全新的造型结构呈现的、符合新时代女性着装需求的X型服饰，即胸部丰满、腰部纤细、肩部浑圆、线条优美的廓型。

1."新风貌"产生的时代背景

20世纪50年代的西方世界正是第二次世界大战结束后百废待兴的重建时期，世界经济朝体系化、制度化方向发展，全球化成为不可阻挡的历史潮流。随着战后重建活动的开展，轻松欢悦的娱乐艺术形式不断涌现，音乐剧、电影、好莱坞文化等伴随着科技的发展进入大众生活，电影明星奥黛丽·赫本（Audrey Hepburn）、玛丽莲·梦露（Marilyn Monroe）、格蕾丝·凯莉（Grace Kelly）和索菲亚·罗兰（Sophia Loren）等都是50年代的时尚偶像和时装穿着典范。女性在战争中获得解放及社会地位的提高，布鲁斯、R&B和乡村音乐等成为年轻人的新宠，汽车、假期旅行和舞会等都让人触手可及，上流社会的一系列社交礼仪和好品味的风气侵蚀着每个大众的心，更得体的行为成为衡量身份阶层的标准。受到政治、经济、文化和科技、服饰产业发展以及设计师引导和明星效应等诸多因素的影响，时尚的发展越来越呈现出讯息千变万化的状态，同时由古典向现代的服饰变革已完成，服饰成衣工业化生产方式在欧洲开始被推崇。

20世纪初男性化的功能性极强的H型、T型等造型面貌的极速变革并没有埋没女性对传统的渴望，她们渴望重拾传统女性的柔美、优雅且具力量感。大量的时尚讯息被传送到女性的生活中，回归到更为稳定、传统的角色成为新的时代诉求，女性迫切需要能够展现新时代女性风貌的服饰来修饰自身，因此强调女性味的造型在20世纪50年代前期成为了流行的主导趋势。变化往往意味着创新，也蕴含着传承，在这种情况下以敏锐的触觉抓住时代变革契机和着装需求，适时推出崭新服饰造型来回应时代渴求的是这个时代的设计师——克里斯汀·迪奥。50年代是迪奥的时代，也是设计大师不断涌现的时代，如克里斯托巴尔·巴伦夏加（Cristobal Balenciaga）、纪梵希（Givenchy）等，与高超的造型技术和传统的塑型思想共同铸造了凝结着女性优雅与浪漫的50年代，创造出了现代的经典女装（图6-3-2）。

2."新风貌"的灵感来源

"从我母亲那里继承来的对花的热爱，意味着我在植物花坛中最快乐……我最大的乐趣是把维尔莫林和安德里欧公司彩色目录上的花卉名称和描述牢记在心……除了女性，花是上帝赐予世界最可爱的事物，我带来的是花样女性所需要的服饰，如铃兰般柔软的肩部、细巧的腰身，还有如花冠一样宽阔的裙身……"——克里斯汀·迪奥。

20世纪50年代的法国正处于传统文化演绎的高峰，人们逐渐认识到传统文化的重要性，"新风貌"的"新"在于从历史中寻找灵感，进行传承和创新，它体现新面貌、新技术、新思想。"新风貌"的X型摆脱了方形轮廓的男性化造型形象，回归女性化的

图6-3-2 20世纪50年代的女性"新风貌"

传统，重塑经典，塑造出如花朵般的女性，青春、柔美、简约。灵感来源于 18 世纪洛可可时期女性化的精致和优雅，是洛可可时期法国精致女性味的延续和复兴，在优雅的同时又为洛可可的纤细赋予力量，既具有巴洛克的浑圆，又包含文艺复兴时期的严肃和坚定（图 6-3-3）。

图 6-3-3 灵感来源：铃兰、花、历史

3. "新风貌" 造型的表现

现代设计经典化指：一是女装革命已被传统接受，二是革命的女装接受了传统的观念。20 世纪 50 年代在西方服饰史上具有承上启下的重要作用，女装造型在形式上沿袭了西方传统的塑型思想和造型理念，重归经典的女性化 X 型。设计师将造型技术（如立体剪裁等）进行发展与创新，从结构出发，专注于结构的变化以及结构的创新，创造了许多既重视整体造型又具有革新性结构的女装。比如传统的 X 型以鲜明的造型、新鲜的结构和着装效果体现在立体的变化造型中。

1947 年 Dior 在首届作品发布会上推出被后人称为"新风貌"（New Look，也叫 Corolla Line）的花冠系列女装，其造型优雅，女性味十足。"新风貌"重塑女性的优雅与性感，它使从人体本身特性出发而塑造立体曲线的服饰造型的传统得以复兴，使设计师认识到重塑"型"的重要性。在束腰造型风格的影响下，套装、大衣和连身裙等被塑造出总体造型相似而细节不同的各种新外观，圆肩、束腰，大裙摆成为新的造型特征。此后"新风貌"精神一直激励着 Dior 本人，成为一种永恒的时尚进而逐步壮大发展（图 6-3-4）。

图 6-3-4 Dior 重塑传统的女性化造型

图 6-3-4 Dior 重塑传统的女性化造型（续）

　　"新风貌"重塑 X 型的曲线，不采用紧身胸衣和裙撑的繁重组合，依然达到收腰阔摆的造型风貌，其创新依靠造型材料和技术的发展，以及时代机能化的着装需求，主要体现在造型方法和造型结构上的突破。首先在廓型上，Dior 命名花冠形的新样式的束腰造型，整体呈 X 形廓型，具有优雅而独特的造型轮廓线，弧度鲜明、饱满纤细，是 16 世纪以来女装强调女性曲线美的 X 型样式的现代版本。其与传统 X 型相比不同的是：传统 X 型更倾向于几何形外观的呈现，通过特殊材质的紧身胸衣和裙撑的内在支撑实现，其造型略显僵硬刻板；而"新风貌"的 X 型采用仿生造型法，模拟花朵的外轮廓曲线，将花的圆润和美好植入服饰外观，优美如同"8"字形，展现出优雅柔软的女性线条，其更圆润柔和、轻盈浪漫，简洁又饱满的体积感呈现了一种新的女性形象（图 6-3-5）。

图 6-3-5 花冠形的新样式的束腰造型

　　结构是实现服饰造型风格的阶梯。女装的结构通过立体剪裁技术变得更加实用、舒适，束腰和蓬裙的结合是造型的经典也是重点。以腰为造型中心突出腰部极细的围度，主要采用收省、分割线以及褶裥的方式达到上身贴体的效果。

　　"新风貌"X型的肩线自然柔和，通过去除装袖造型的垫肩使肩部线条变得柔软圆润，或者采用落肩袖和连肩袖的袖型塑造出自然过渡的圆肩造型，整体造型力求柔和优雅（图6-3-6）。

图 6-3-6　"新风貌"造型的圆肩造型特征

　　X身形围绕腰部松量进行变化，衣身采用公主线和刀背缝弧形分割进行上半身合体的塑型，形成胸部饱满、腰部外轮廓紧身的自然风貌，整体造型在收腰的情况下有的还加以腰带束腰，以达到强调细腰的效果（图6-3-7）。

（1）分割线收腰造型

（2）腰部褶裥束腰造型

（3）腰部褶裥束腰造型　　　　　（4）腰部 V 形立体复古造型　　　　　（5）金属腰带束腰造型

图 6-3-7 X 型的腰部塑造特点

　　蓬裙主要采用仿生造型和几何形造型。仿生造型有伞状、喇叭形，几何形造型有正三角形（大 A 字形）、圆形（O 形）。不同裙型展现出不同大小的裙摆，比如多褶伞状裙、百褶喇叭裙、活泼 A 字形裙等。华丽的大裙摆通常用切展加量如插三角片的方法扩展其裙摆量，采用整圆或半圆裁剪（图 6-3-8（1）），通过腰部起褶形成一定体积感的、大而圆的造型，膨大起到裙撑的效果，像喇叭花一样盛开或像伞一样展开，外形饱满，随着人体活动而产生优雅的人体纵向曲线，展现出符合时代需求的功能性（图 6-3-8（2）—（5））。

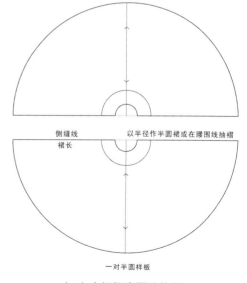

（1）大裙摆半圆结构图

（2）A型多褶裙

（3）大伞裙及纸样图

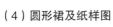

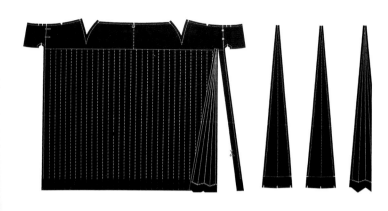

（5）A字裙及纸样图

图 6-3-8 大蓬裙的造型特征及结构纸样图

　　胯、臀部的塑造采用内部衬垫方式，使腰部到胯部区间的弧线微微隆起，衣摆造型撑开，使臀部的服饰外轮廓形成略为扁平的隆起效果，衬托出细腰，使造型高低起伏且圆润呈沙漏型。臀部隐藏在饱满多褶的大裙摆中，与大裙摆一起成为弧形圆锥体的一部分，塑造出一个充满想象的服饰空间（图6-3-9）。

图 6-3-9 "新风貌" 胯臀部的弧线造型特征

图 6-3-10　Dior"新风貌"女装外在轮廓与内衬造型

　　在强调女性外观魅力的造型中，内衣和衬裙又扮演了重要角色。胸部的饱满通过新材质的巧妙剪裁的现代式文胸、束身胸衣来达到效果，伞裙和多褶喇叭裙通过棉、蕾丝或网纱制作的轻质衬裙来支撑和保持阔张的裙型（图 6-3-10）。

　　20 世纪 50 年代的经典女装既复兴了传统又创造了现代式的优雅，影响着不同时代的时尚风貌，结构的探索将鲜明的造型推陈出新，为现代女装的复古指明方向。从 1920 年到 1950 年，现代女装完成了从革命反叛到经典传统的螺旋式上升的发展，至此西方女装沿着经典传统的 X 型和现代简洁的 H 型一路互相对立、互相转化，共同演绎着时代的流行风貌。

　　在现代服饰造型中，服饰廓型日趋简化且朝着多样化的方向发展，但最能体现女性魅力的 X 廓型始终热度不减，源于其内涵的女性特质和造型魅力。在现代礼服造型中，X 廓型是基础型，保留着西式的传统和结构规范，裙撑的使用和上窄下宽的基型构造以及部件造型的特色，都秉承传统女装的优雅和高贵，并随时代审美的需求而在制作上采用减法。这些传统的造型元素和造型思想都得益于古典时期服饰造型的探索和经验的积累中给我们留下的珍贵财富。

第七章 服饰造型的艺术表现

第一节 艺术风格

艺术在英文中叫"Art"，被称为精致艺术或美术，指凭借技巧、意愿、想像力、经验等人为因素的融合与平衡，以创作隐含美学的器物、环境、影像、动作或声音的表达形式，是人类用以表达既有感知的且将个人（或群体）体验沉淀与展现的过程。服饰造型属于艺术性的创造活动，它以独特的艺术品格和文化的累积性、承传性、深刻性而成为人类物质文化的代表，其艺术特征在造型过程中不断被强化，就像音乐、绘画、建筑、电影等艺术形式一样。西方服饰造型的演变受西方艺术（如建筑、雕塑和绘画等）的影响较大，其整体演变趋势与艺术的联系更加紧密，各个历史时期的服饰造型以其独特的艺术风格和艺术魅力展现出鲜明的造型特征。

一、艺术风格概述及分类

风格指风范和格局，指作品在思想内容和艺术形式方面所显示出的格调和气派，在整体上呈现的有代表性的面貌。它是通过艺术作品所表现出来的相对稳定的反映一个时代、民族或艺术家个人的思想与审美等的内在特性的外部印记。风格是由艺术品的独特内容与形式，艺术家的个性特征与作品的题材、体裁以及社会与时代等历史条件决定的客观特征相互统一而成的。风格体现在艺术作品的诸要素中，它既表现为艺术家对题材选择的一贯性和独特性，对主题思想的挖掘、理解的深刻程度与独特性，也表现为对创作手法的运用、塑造形象的方式、对艺术语言的驾驭等的独创性。

艺术风格指表现美的风范和格局。"美"即好看，是一定事物所具有的对称的、协调的、给人期望留下想象或回味余地的特征，是能引起人们美感的客观事物的一种共同的本质属性。美是审美对象与审美意识的和谐统一。审美意识和审美对象既是美的载体也是美的组成部分。艺术风格具有多样化与同一性的特征。正是艺术风格的多样化极大地促进了艺术的繁荣和发展。在实际发展过程中同一类型的风格往往会形成一种艺术流派，各种艺术流派的发展、演变不仅构成了艺术的发展历程，而且也反映了各时代社会思潮和审美理想的变化。

服饰造型美主要指美的形态，其艺术美主要体现在风格、形式等方面，并通过这些美的表现呈现出不同时期造型的特点和艺术魅力。服饰造型是塑造一个以人体和材质共同构成的美观新颖的立体视觉形象，它作为一门艺术有一定的风格倾向和涵义。同所有的其他造型艺术形式一样，它通过色、形、质的组合而表现出一定的气质和风貌。服饰造型风格不仅是个体审美素养的集中，也是社会、时代精神风貌的呈现，是造型的所有要素——元素、结构、比例、材质等形成的统一的视觉外观效果。服饰造型风格的多元化是当代设计与审美的一个显著特点。

典雅、繁复、简约、硬朗、柔美、优雅、前卫等皆是形容风格的词汇，比如文艺复兴时期古典的繁复和 20 世纪的现代简约，分别展现出鲜明的风格特征而被历史界定。时代、社会等历史条件以及个体的艺术素养、审美理想等在不同风格形成中展现出显著的个性特征，表现出时代属性。其中繁复与简约作为艺术风格的代表在服饰造型艺术中有着极其重要的作用。

二、艺术风格的代表——繁复和简约

作为造型艺术风格，繁复和简约成为特定时期社会、文化和经济的时代精神的指标，虽然它们被认为是审美上的对立，但都试图挑战和改变人们对美的感知和欣赏习惯。在服饰造型中繁和简是体现

（1）褶结构的堆砌　　　　　　　　　　　（2）刺绣工艺的繁复奢华装饰

图 7-1-1 服饰造型中繁复的具体体现

造型多和少的评价标准，与疏密有着基本相同的意义，但在形式基础上更包含了一种对于制作技术难易评定的判断。

1. 繁复

繁复指繁多复杂，繁指事物结构复杂、程度多。繁复的艺术效果在手法上常用适度、相协调的加法，即在既定的外轮廓上添加一些多元的造型元素和装饰，产生大小、多少、曲直、疏密、虚实、粗细等对比，形成形、色、质统一的丰富整体。繁复常与奢侈、夸张、非功能性的美学风格联系在一起，其外在形式表现具有戏剧化的艺术张力，使得造型在视觉上更丰富，在体量上更饱满、生动。

服饰造型中的繁复具体指在造型上、结构上、工艺上、装饰上以及材质上的附加元素的堆叠和繁琐，整体造型夸大、张扬，显示出富丽华贵的特征。造型上"繁"通常具有大、多、重等特征，强调过度和冗余的美感，采用大胆、复杂的夸张轮廓（内部加垫或填充），外形夸张、宏大、体积感强，廓型凹凸起伏、造型元素多元，附加的元素多且层次丰富、元素穿插多变而琐碎并重叠渗透地反复表达。结构上以曲线造型为特征，依据人体的凹凸起伏，以多变的曲线外轮廓线和分割线为主，同时运用各种类型的褶结构堆砌、层叠、垂坠等表现手法。装饰上以蝴蝶结、花边、立体花、流苏为主。材质上以润泽的丝缎、金线的刺绣、多彩的宝石、精巧的花边和无以计数的珍珠等堆砌，奢华精致至极，使不同的质地之美完全融合在一起。在工艺上常运用切割、绗缝、刺绣等工艺手段在造型表面追加肌理，使造型产生丰富的视觉效果（图 7-1-1）。同时，选择服饰的局部如胸、肩、袖、臀、摆等进行重点塑造，或强化、或夸张，使它们在体量上、空间塑造上形成错落有致的夸张效果，与其他部位形成强烈对比，产生层层叠叠的奢华效果，形成雍容繁复的造型节奏以及服饰外观上的繁缛堆砌。

18 世纪的洛可可风格服饰是繁复的代表，具有宏大、精致、细腻的特点，富丽堂皇、精致而优雅。

图 7-1-2　洛可可女装的繁复和男装中排扣的运用

在造型上大量使用曲面和植物形状、S 形和贝壳形涡卷曲线，形成绮丽多彩、雍容华贵、繁缛艳丽的造型效果。主要体现在：一是填充、束身、撑垫等塑型手法的使用，使得总体造型夸张，呈现出极夸张的轮廓。二是整体和局部造型更多地强调曲线、造型元素多元，如抽缩褶、堆褶、折叠褶、波浪褶等，造型结构线频繁地用到蜷曲线条，通过立裁的褶饰和雕塑般的弧线，采用层叠、堆积的手法，总体风格隆重而奢华。三是如褶领、泡泡袖、喇叭袖、篷裙等部件造型重点突出，注重细节，尤其是边角的修饰，如花边宽领和花边袖饰以及服饰上的大量缎带装饰，领口、袖口和裙摆等追加多层次渐变的波浪边和波浪褶，细节上繁复且精细，整体营造出繁花似锦的造型效果。除此之外，缀以蕾丝、蝴蝶结、宝石等昂贵的装饰材质，以及大量使用多层蕾丝花边、缎带、蝴蝶结、立体花等装饰物，女装整体造型厚重、繁冗堆砌，每一个细节都精致化，犹如行走的花园。繁复的蛋糕裙、庞大的裙撑搭配高耸夸张的发型和头饰，似置身万花丛中。此时期的男服也出现女性化趋势，细节装饰繁复，如衣料中的金银丝刺绣，门襟和扣眼处的金绳子、排扣和蝴蝶结装饰，金、银、珠宝材质的扣子，以及花纹皱领紧身衣，钻石装饰鞋与羽毛装饰帽等，还有在膝盖、鞋面处也常缀有缎制蝴蝶结，男式的长而厚重的卷发等都为造型的繁复增加更多的亮点（图 7-1-2）。

　　繁复常与奢华、富丽、优雅、柔美、女性化等词联系在一起，以曲线居多，细褶密集，装饰多而细致，造型精致细腻。繁复造型的代表元素主要有褶裥和波纹。在巴洛克和洛可可时期褶裥是常用的服饰造型元素之一，在男装与女装上均有褶裥装饰。它是一种身份的象征，褶裥越多身份越高贵。不同类型的褶饰可以营造出起伏生动的不同造型，通过褶的规律、连续、反复、渐变、疏密等多元手法，以及横向、纵向、斜向、卷曲排列，采用对称、均衡、夸张等形式组合与连缀，可形成层次丰富与饱满的立体效果。折叠褶、堆褶、抽缩褶、垂坠褶、波浪褶等可根据其不同的造型结构运用在裙身、裙摆、领口、袖口、后背等的不同部位，形成服饰造型的鲜明特点（图7-1-3）。

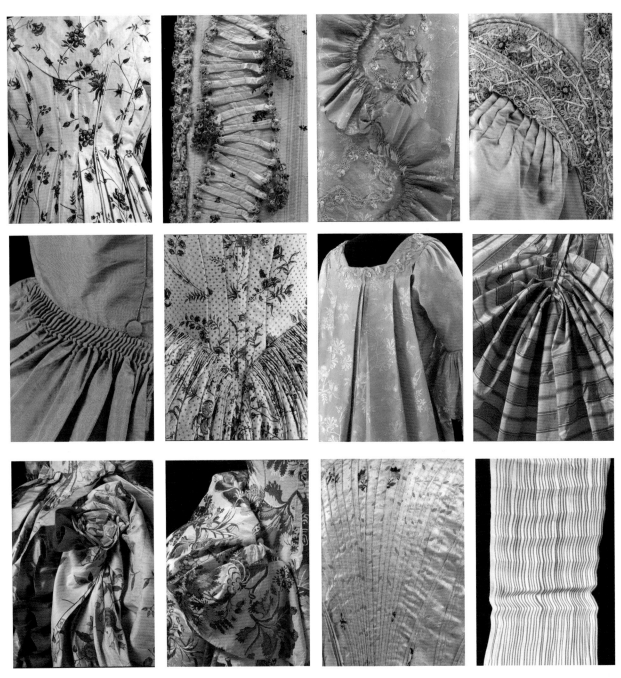

图 7-1-3　不同类型的褶饰

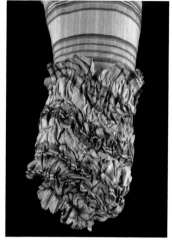

图 7-1-3　不同类型的褶饰（续）

　　这一时期服饰造型的繁复是奢华的代表，它增加了威严和夸耀。用繁杂的装饰彰显贵族身份，是一种对身份和地位进行浓墨重彩地抒写和淋漓尽致地表达，尤其是女装，这与当时的生活方式和女性的角色地位有关。那时女性是沙龙的中心，是供男性观赏和追求的"艺术品"，因此服饰造型注重形式美、人工美，并将之发挥到登峰造极的地步。20世纪初第一次世界大战后，越来越多的女性走入社会，女性的思想开始得到解放，身份和社会地位也发生着变化，服饰造型的繁复风格顺应着时代潮流逐渐退出历史的舞台。现如今繁复风格的服饰造型更多的只是出现在特殊场合或舞台上，通过丰富的视觉表象来满足人们对美的追求（图 7-1-4）。

图 7-1-4　繁复之美

2. 简约

　　与繁复相对立的风格即简约。"简"即简明扼要，没有多余的内容，指事物结构单纯、程序少，通常表现出简单明了、简要精练的事物状态。强调"Less is more"的美学，基于简化的造型方法传达简洁和克制的理念，其特点是简洁洗练、单纯明快，词少意多，具有理性、冷峻的特质。简约通过对造型元素的概括、提炼，达到表现其主要特征、言简意赅的境界，使得造型更典型、更具功能性。

简约源于20世纪初期的西方现代主义。现代主义风格外形简洁、功能强，强调空间形态和物件的单一性、抽象性，迎合了快节奏、高效率的时代审美追求。简约风格在造型上的"简"通常具有小巧、轻便等特征，无多余的装饰，在结构、形式、功能上达到合体而和谐，具有冷峻的理性精神和精确性。它体现在：

（1）造型上以直线为主，通过精确的结构和工艺来完成廓型，外观明快、简洁，外形体积单纯化，减少体积组合和拼接的复杂空间。讲究造型比例适度，外轮廓与内部结构的关系力求简单和方向的一致，造型结构明确。

（2）一切从舒适、功能出发，去装饰化的繁复叠加，少用褶裥等繁复的结构或造型元素，尽可能不用装饰和取消多余的东西，强调形式应更多地服务于功能。

（3）零部件较少且布局新颖别致，强调点、线、面感造型，少用填充或体量造型，追求材料、技术、空间的表现深度与精确性。

在服饰造型中简约以时尚、实用为特征的设计理念，在对造型品质有一定的要求下将造型元素简化到最少的程度，采用少即是多的手法，即用最简洁的手法体现造型最丰富的内涵。摒弃传统的繁琐与夸张，运用新材料、新技术、新手法，与新思想、新观念相统一而达到以人为本的造型需求，因此简约风格的造型通常实用、美观，能达到以少胜多、以简胜繁的效果，体现了现代快节奏、简约、实用但又富有朝气的生活追求（图7-1-5）。

图7-1-5 简约风格的服饰造型

20世纪20年代到60年代，这一时期的服饰造型风格是简约风格的典型代表。第一次世界大战的发生打破了传统造型的既定样式，参与到社会工作中的女性脱离传统造型的束缚，开始寻求身体的舒适和自由，与男士造型相媲美的功能性简约服饰迎来革新的契机。H型女士外套和低腰连身裙，Chanel平纹针织连衣裙等以放松腰线的直身造型开启了简约主义的潮流，体现舒适和简约相结合的现代性。30年代的宽肩细长女装，40年代的宽肩套装以及50年代的"新风貌"，从造型轮廓和造型细节上都体现出鲜明的现代简约风格。60年代成衣业快速发展、生活节奏的加快和生活方式的改变，使得服饰造型越来越强调合理性和机能性，朝着单纯化、朴素化的方向发展。直筒迷你裙、喇叭裤、伊夫·圣·洛朗（Yves Saint laurent）设计的以抽象几何形为特色的蒙德里安裙、中性风格的套装等，充满宽松与随性的自由精神。同时太空和航天技术的热潮使得以太空、宇航为主题的"未来主义"极简风格应运而生，服饰造型呈现出几何形化、造型线条笔直的犀利中性风（图7-1-6）。

简约风格的产生和时代背景密切相关，简约的形式表达更符合紧张状态下生活的现代人的心理，现代人快节奏、繁忙的生活节奏在心理上渴望得到放松，因此在服饰造型上用减法，以简洁、纯净来调节与转换精神的空间，摆脱繁琐、复杂，追求简单和自然的舒适与放松。目前简约已成为一种时尚潮流、一种文化倾向、一种艺术理想，成为时下最具代表性的风格，不仅体现个性和品位，而且于简

（1）1930 年代　　　　　　　　　（2）1950 年代　　　　　　　　　（3）1960 年代

图 7-1-6　简约风格女装

洁中传达出丰富内涵，通过整体轮廓的鲜明和细节的处理营造一个更独特的理想造型。用简单的技术构建清晰的架构，以最纯净的形式和最精简的造型表现出深邃的文化内涵和艺术追求（图 7-1-7）。

图 7-1-7　现代简约之美

　　繁复与简约是造型风格中的双刃剑，它们之间的差异形成鲜明对比，代表两种审美标准和不同艺术风格，但同时两者又相互衬托、相得益彰。19 世纪以来繁复和简约开始在性别上出现鲜明的对立，男士造型外观肃静睿智，其简洁肃静的西服套装与造型繁复的女性裙装形成鲜明的对比。20 世纪之后的现代和后现代主义时期，服饰朝着选择繁复风格的新方向，往往来自于对戏剧或颓废的幻想，而与此同时，21 世纪在高科技、社交媒体和全球化的极大影响下，新一代设计师通过将极繁和极简主义结合来推动美学界限，以此来应付时尚变化周期越来越短的现实。

第二节 艺术形式美的法则及表现

所谓美是在经过整理的有统一感、秩序感的情况下产生的。秩序是美的最重要条件，美从秩序中产生。自然美都存在着瑕疵，只有按照一定的理念去提升才能达到艺术美的高度，因此形式美应运而生。掌握造型的基本要素和形式美法则是创造美的必要途径。美是按照美的规律和形式创造出来的。形式美是对自然美加以分析、概括、利用并形态化的总结，是生活、自然界中各种因素（线条形态、色彩等）的有规律的组合。形式美法则的运用非常普遍，包括建筑、雕塑、绘画、服饰造型等艺术形式。均衡的布局、轴线的对称、局部的夸张、连续的反复、主次分明、重点突出、整体与局部之间强烈的节奏感等都是对形式美感的追求。

服饰造型是视觉艺术的创造，造型元素的组合和编排必需经过精心设计，通过不同的形式美和艺术规律来进行。形式美法则主要包括对称、均衡、对比、夸张、比例、反复与节奏等。在服饰造型过程中形式美法则被广泛使用，主要体现于服饰造型元素的构成、色彩的科学配置以及材料的搭配使用等方面。纵观西方服饰发展的各个时期的服饰，都将形式美法则贯穿始终，使得无论是华丽与繁缛的洛可可时期还是简约与摩登的 20 世纪 20 年代，其服装造型繁复却不眼花缭乱，造型简约却不单调、乏味。形式美法则的运用使服饰造型显出明显的规律性和必然性，因此给人以清晰的秩序感，空间段落系列分明，整体与局部关系明确，边界突出清晰。这种在服饰上刻意强调的形式美，使得服饰上的各部位以某种确定的形状和大小镶嵌在某个确定的位置，从而显示出一定规律的必然性的特征。

一、以中心轴对称

对称又称均齐，是在统一中求变化。自然界中随处可见对称的形式，如飞禽的羽翼、祥瑞吉兽的四肢、花的枝叶、人的身体等。对称是构成形式美的重要内容，是造型艺术最基本的构成形式之一。从构成的角度来看，对称指在对称轴的两侧或中心点的四周，在大小形状和排列顺序上具有完全对应相同的关系。在服饰造型中对称表现为上下、左右、前后的构造元素形状的大小、高低、轻重等完全等量相同的分配组合。

古典时期的服饰大都采用轴对称的形式，即以前中心为基准，左右完全相同的中心轴对称形式。中心轴对称指以中轴线为中心分成左右相等两部分的对应关系，左右两边的形式、因素完全相同，又称左右对称、镜面对称。具体到服饰造型上指中心轴的左右两侧的造型元素、造型结构、图案装饰等完全相同和等量。任何一个单轴对称结构的部位都是相同和等量的，而且一切元素都是围绕一个中心轴时才产生两侧对称。对称的轴往往是垂直

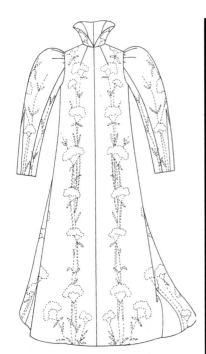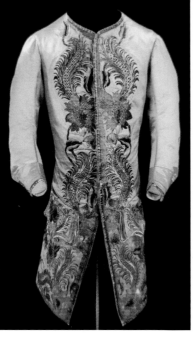

图 7-2-1 以中心轴对称的服饰造型

图 7-2-1 以中心轴对称的服饰造型（续）

的或水平的，在轴线的一侧都会在另一侧被镜像反射，即成轴对称的两个图形全等，且对称轴是对称点连线的垂直平分线。例如人的双眼双耳、蝴蝶的双翼双翅等。服饰造型对称的最典型形式为立领、翻领的单排扣西服，以造型的前中心为中心轴，两侧的造型结构和造型元素处于等距离、等量和等形的状况，左右完全重合（图 7-2-1）。

对称形式简洁，在视觉上会给人以舒适、协调、整齐的安静美感，具有稳定、沉静、庄重、肃穆的特点。同时对称是平衡的最好体现，会给人以平衡协调之感以及静态的安定感。但对称形式左右均等的造型特征有时不免过于沉闷和单调，通常情况下由于其规律性、秩序性而使其很难有趣味性，因此现代服饰造型中出现了不对称形式来丰富造型形式美，达到创新的目的。

二、戏剧化夸张

夸张也叫夸饰或铺张，指为了达到某种表达效果的需要，运用丰富的想象力在客观实际的基础上有目的地放大事物的形象特征，在趋向极端位置的过程中截取其可利用的一种造型方法。把握分寸，加强份量，突出事物的本质，以增强表达效果的形式美法则。"戏剧化"是经过艺术加工来放大事物的形象特征，形成具有一定扩张感的"大"的造型，增强艺术效果。它具体指元素重组或元素冲突局部和整体形成强对比，元素编排和整体风格富有舞台张力，是展现造型个性特征和体现趣味性的常用手段。

一切艺术都会有一定程度的夸张。在造型艺术中夸张造型指通过某种特殊的工艺手法或创作技法塑造出的具有独特艺术感的非常规造型。夸张是服饰造型中常见的形式美法则，也是一种化平淡为神奇的艺术造型手段。20 世纪

图 7-2-2 16 世纪服饰造型戏剧化夸张的效果

前西方各历史时期服饰造型以"大"为特征,将整体廓型及局部造型进行人为的放大,通过对众多的造型要素进行变化重组,采用一定的艺术手段把事物的形象夸大与渲染,对造型个性和特点中的美进行夸大,以达到三维立体空间的塑型效果,使造型新颖且符合时代审美要求,赋予造型新奇与变化的情趣,从而引起观者的想象和兴趣(图7-2-2)。

夸张手法常用于服装整体外轮廓和局部造型,通常是将服饰本来的状态和特性放大,即在形状、大小、体量上加强夸大其空间占位,在位置高低、长短、粗细、轻重、面积的大小等方面进行造型夸张,从而造成作品视觉上的强化与对比的效果。在服饰造型中垫肩、衬垫、裙撑等辅助材料的使用以及造型元素如褶结构等,都是将扩大其本有的造型特征形成一定体量感的立体空间元素,以此来增加服饰的形式美感。正是夸张手法的广泛运用,西方服饰造型在各个时期都收获了不同的造型乐趣,其主要表现在服饰外轮廓夸张、造型局部夸张和造型结构夸张三方面。

服饰外轮廓的夸张即型的夸张,是将服饰整体进行夸张而形成一种放大比例的效果,比如X型、T型等。廓型的夸张以人体为基准,以扩充其局部的造型空间形成离开体型的大而多的空间量,从而加大其廓型的面积,形成最先吸引视觉的亮点。文艺复兴时期,女装的X型和男装的T型都是以戏剧化的夸张来凸显出造型性别上的差异,通过人工手段在对自然体形足够了解的基础上加以修饰和放大其本有特征,达到醒目和着装印象深刻的效果。X型以腰部为中心,宽肩、细腰、阔摆为造型特征,采用上下协调的比例分配,以紧束到极致的腰部来强化X型的腰部收缩的视觉重点,构成整体平稳与安定的夸张轮廓,突出外轮廓的女性化特征。男性T型服饰以上半身的体积感变化为中心,肩线加宽以及胸部用衬垫垫起,向横向拓展,使肩胸部浑厚、饱满,整体轮廓成上重下轻的T型(图7-2-3)。外轮廓的夸张突出了人体部位的特征,从视觉上予人以充分的视觉张力,使造型展现一种戏剧化的效果。

图 7-2-3 夸张的外轮廓

服饰造型是基于人体的,人体的重要关键部位是服饰造型的设计点,如颈、肩、胸、腰、臀等部位,它们都是突出人体体型特征的关键部位,针对这些人体不同部位进行夸张放大,可突出人体的体型特征和美感。局部夸张针对造型局部的要点进行同比例的单个或多个放大,达到一定的体量感和空间感,

（1）羊腿袖　　　　　　　　　（2）泡泡袖

（3）藕节袖　　　　　　　　　（4）泡泡袖

图 7-2-4　夸张的袖子

其经典的造型有圆形蓬裙、羊腿袖、泡泡袖、拉夫领、披肩领、方形低领、宽肩袖、长拖裾等。

夸张的袖型是对袖子的造型部位进行夸张变异处理，使之形成新的造型。古典时期的袖子常在袖头做夸张处理，代表性的袖型有羊腿袖和泡泡袖，通过增大袖头容量，采用填充衬垫或抽缩褶使其呈现蓬起、立体圆鼓的状态，使造型变得饱满硬挺。用几何形或仿生造型方法将袖子塑造成具有立体感的直线

（1）肩部的夸张（1940年代）　（2）膨大的袖头形成宽肩效果

图 7-2-5　肩部夸张的表现

硬朗或曲线柔和的夸张造型，有灯笼袖、喇叭袖等（图 7-2-4）。

人体的肩部是连接服饰的前后衣片、领片以及袖头的一个重要部位，对服饰造型的整个外轮廓起着举足轻重的作用，是造型的基点和视觉中心。历史上服饰肩部的夸张常采用延展肩线和加入放松量

（1）臀部四周的夸张

（2）后臀部的夸张

图 7-2-6　臀部的夸张

的方法，通过内部添加衬垫或垫肩来塑造肩部的夸张造型，或联合膨大的袖头形成宽肩的效果（图 7-2-5）。

臀部的夸张以臀部的两侧或后部为基准，以体积扩大为中心的造型，内部采用裙撑或衬垫支撑，外部采用褶裥堆积和立体褶饰连续追加，达到臀部体量突出的造型特征，如圆蓬裙、大 A 字裙、伞裙、喇叭裙、巴斯尔裙等，是各个时期不同裙体夸张运用的典型，具有鲜明的造型风格（图 7-2-6）。

夸张的手法不只是对服饰整体或局部的强化，造型结构的夸张也是突出表现之一。造型结构具体指分割线、褶裥、蝴蝶结等，采用长、宽、高等尺度和体积加大的形式形成一定的造型。以波浪褶和蝴蝶结的夸张为例，波浪褶和蝴蝶结作为特殊的造型结构体，通过一定宽度的拓展，加大面积，在体量上形成大而立体的效果，并结合服饰整体风格和装饰部位做相应的位置变化和组合处理，取得夸张的醒目效果（图 7-2-7）。

戏剧化夸张具有独特艺术效果和美感，能增强造型的幽默感和趣味性，突出某一事物或某一形象的特征，更直接又更单纯地展示出造型的本质，获得鲜明而强烈的着装印象。在服饰造型上，夸张的造型在立体感、层次感上更是突破了经典造型的约束，形成轮廓放大、体量感加强、结构有机组合的艺术效果。

图 7-2-7　波浪褶和蝴蝶结的夸张

三、强对比

对比也称对照，是不同形式因素的相互比较而形成的对照。其具体指把两种事物放在一起时，把相反或相对的元素进行对照，从而需要突出的元素部分得到加强，形成鲜明对比，或者把不同的要素排列在一起时，相异突出和相同较少则形成对比。形状、质感、轻重、份量相反，或极不相同的要素排列在一起时，就会形成对比。如繁简、疏密、主次、轻重、大小、方圆、长短、粗细、曲直、凹

图 7-2-8　宽肩与细腰的对比

凸等不同形式的组合，就会产生对比，突出了各自的特性。强对比指反差比较大的对比，具有强化和突出重点的作用，比如圆与方、直与曲等。服饰造型中常运用不同造型部位元素之间的对比来塑造并突出某一部位的特征，比如肩与臀、胸与腰、腰与臀等，人体的这些部位既相互关联又相互映衬（图7-2-8）。

衣裙整体造型感到单调时需要采用对比手法来弥补和中和造型上的落差，把事物、现象和过程中的矛盾的双方安置在一定的条件下，使之集中在一个完整的艺术统一体中，形成相辅相成的比照和对应关系。服饰史上出现过的强对比手法主要体现在：男装的宽肩窄臀的强对比T型轮廓，女装的上身紧瘦与下身膨大的强对比X身型，以及前平后翘的强对比夸张S身型。

男装中宽肩窄臀的强对比主要体现在上下对比，构成上重下轻的男服格局，通过夸张肩部、填充衬垫等横向扩展的效果来突出上半身的重，而下半身则以穿着紧瘦长裤的细瘦来凸显窄，整体达到雄大的上半身和紧贴肉体的下半身的强对比来强化塑造T型效果（图7-2-9）。

巴斯尔时期女裙采用前平后翘的强对比来塑造夸张的S身型，女装裙的前片被处理得非常平坦，紧身胸衣把胸高高托起，把腹部压平，后臀通过臀垫、衬垫等内部支撑以及立体褶饰扩大体积，前平与后凸形成强对比，达到突出后臀的夸张造型效果（图7-2-10）。

图7-2-9 17世纪巴洛克时期男装的上重下轻强对比造型　　图7-2-10 19世纪末巴斯尔的前平后凸强对比

女服造型采用上身紧瘦、下身膨大的性感外形特征，宽肩、细腰、阔臀的强对比，突出腰部的纤细，强调臀部的丰满，从而形成对比。由于紧身胸衣的紧束和裙撑的极度夸张与膨大化，造成腰部极细与肩部、臀部扩展的强对比，塑造出夸张的人体特征。细腰与夸张裙摆是相互关联的，裙身越大，腰身就显得更细，肩部更宽也能衬托出更好的腰部形态，更宽的肩膀也使得腰部有收缩的特效（图7-2-11）。

在同一服饰造型中，对比有重点、主次，最终统一于整体风格中，要素之间无论在质上还是在量

（1）洛可可时期宽肩、细腰、阔臀的强对比　　　　　　（2）S型时期宽肩、细腰、阔臀的强对比

图 7-2-11　强对比造型

上都保持一种秩序和统一，达到对比中的协调。除了整体上强对比形式的运用，局部造型也有用到强对比，使得造型风格鲜明突出。比如：上大下小的羊腿袖，其袖头的膨胀与袖身的收缩形成的强对比；上瘦下阔的喇叭裙，其臀部的伏贴和裙摆的张开形成的强对比等。

对比把对立的事物加以比照，更加强烈而清晰地传达出造型艺术想要表达的意旨，运用这种手法能充分显示元素之间的差别和矛盾，突出表现事物的本质特征，加强艺术效果和感染力。在造型中缺少对比效果就缺少活力，缺少在视觉上吸引人的特征，强对比的运用在视觉上予人以生动、鲜明、强烈的冲击力，产生活泼、华丽的视觉效果。

四、节奏与反复

反复也叫重复，是相对于单一而言，指完全相同的造型元素多次重复出现在造型上，即重复出现相同元素的物态。在服饰造型中同一个要素出现两次以上就称为反复，比如 A 是一个要素，那么把两个 A 排列在一起形成 AA 就是一种重复。当一个个体的造型元素依据一定的次序出现数次之后，这一造型元素本身的性质也就发生了改变，会呈现比单一本身更丰富多元的效果。造型中连续波浪边的结构形式就是将单一的元素作反复的排列配置，虽然排列富有变化，但由于基本元素统一，会产生出规律且富有节奏的视觉效果。

在服饰造型中单一主要源自于造型元素的数量、形态、大小等过度单一，就会形成视觉感受上的单调和单薄。于是将单一的元素反复出现在服饰的某个部位，形成造型上的秩序感和体积上的体量感，从而打破因单一元素而造成的总体上的单薄，使造型呈现出生动活泼的趣味性。在元素大小不变的前提下，根据材质和形状的区别和变化关系可将反复分为同质同形反复、异质同形反复两种。同质同形反复即材质和形状完全相同的元素多次出现，由于元素之间没有任何差别，反复后使元素的造型共性得到增强，并随着元素反复次数的增多而强化整体造型视觉效果。异质同形反复是形状完全相同的单一元素进行材质的变化，元素之间有一定共性但又有着些许差异，会产生比同质同形反复更加丰富的视觉效果，打破了视觉上的单调乏味感。反复可以用在服饰造型的整体或局部，主要有造型元素、造型结构和装饰元素的反复等。有规律地重复出现的线条、块面、立体结构等是服饰造型中常用的美学法则。例如：在裙摆的底端和袖口重复排列相同的波浪边、波浪褶饰或规律褶裥，一层一层反复；在夸张的泡泡袖型上多次系扎，形成一个个小灯笼袖的反复；女装褶裥裙、波浪裙以及衣缝的线条处理和细裥工艺装饰等，都可以演变出多种反复与节奏感，形成美妙的韵律；在服装上的点、线、面、体的综合反复运用，以及直线与曲线的反复等（图 7-2-12）。

图 7-2-12 蝴蝶结造型元素
的节奏与反复

图 7-2-13 褶裥和波浪边的节奏与反复

　　同一形式的空间如果连续多次或有规律地重复出现同一元素，可以形成节奏感。节奏指运动过程中有秩序的一种连续。连续的节奏感在心理和视觉上会产生起伏、强弱、缓急的情调变化，会产生抑扬顿挫、轻重缓急的变化美，因此把运动中的强弱变化有规律地组合起来并加以反复，就形成了节奏。在服饰造型中，为了达到有虚有实、有疏有密、有回旋的艺术感染力，历史上服饰常采用元素反复形成的节奏来丰富造型的体量感。具体运用到造型艺术中，它体现为形态组合方式的反复、对称、渐变、律动和自由的配置。比如波浪边、烫褶、结构线等造型结构的重复，裁片的层叠、多重拼贴、规律拼接或重叠、外形的渐次变化、装饰细节的层次排列和搭配等，都可以形成外观的节奏与反复，在点、线、面上做变化，在视觉上串成串儿，形成跳跃式的块状、点状的节奏感，呈现一种灵活的流动美（图7-2-13）。

　　以波浪褶和折叠褶为例。波浪褶采用条状形式多层反复排列在裙身下摆部位，形成一定面积的装饰效果，具有强化裙身的造型效果。直线折叠褶从一个方向按照水平或垂直的形式进行折叠，折痕呈现直线状，整洁、规律，具有较强的节奏感。反复连续规律的折叠褶常采用一定宽度作为条状装饰在裙摆底边或袖口，形成独特的装饰肌理效果，在不同时期的服饰造型中都能看到其运用的特点，用垂

图 7-2-14 褶裥元素的反复

直的线条塑造出含蓄美,用反复出现的褶裥营造华丽感(图 7-2-14)。

最常见的是蝴蝶结元素的反复。蝴蝶结作为一种造型结构,采用扭结缠绕的制作手法而形成具有一定厚度的结构体,同时其对称的结构形式使得造型能恰到好处地与服饰造型结构融为一体,成为造型的一部分。在 18 世纪洛可可时期以及 19 世纪巴斯尔时期蝴蝶结被广泛运用于男女装造型,起到一定的装饰作用,特别是女装的造型局部,如裙身、前胸、袖口、领边、裤脚等,以单一或反复排列的形式出现在服饰局部,形成一定的面积和体量感,为整体造型的甜美增添风采(图 7-2-15)。

不同风格所运用到的蝴蝶结的数量和造型也各不相同,不同大小、比例的蝴蝶结的运用具有一定的规律性。单一蝴蝶结的运用通常采用点状的夸张手法定位装饰在造型局部,突出整体造型的特征(图

图 7-2-15 18 世纪洛可可时期蝴蝶结的反复运用

图 7-2-16 1950 年代在服饰上单一蝴蝶结的运用

7-2-16）。

连续群化组合的运用常采用同形同质的单一元素反复规律排列或堆积，或由小到大的渐变规律排列组合，形成一定的体量感，在造型上成为了塑造女性优雅、可爱、性感的不可缺少的结构体（图 7-2-17）。

（1）19 世纪末巴斯尔时期蝴蝶结元素反复　　　　（2）19 世纪末巴斯尔时期蝴蝶结元素连续

（3）19 世纪末巴斯尔时期蝴蝶结元素连续　　　（4）1950 年代蝴蝶结元素的连续反复

图 7-2-17 蝴蝶结元素的节奏反复

　　节奏是简单的有规律的反复，具有连续的美感，整体呈现一种秩序美，在服饰造型中没有节奏的造型单调沉闷，节奏反复使造型变得灵活生动，更加富有艺术魅力和情感色彩。

　　美是按照美的规律和形式创造出来的，造型的艺术形式法则是创造美的方法，形式美法则是人类在创造美的形式、美的过程中对美的形式规律的经验总结和概括。它是一切造型艺术的指导。大自然中的生物、自然景观所呈现的分合、聚散、俯仰、伸曲的不同形态以及既有秩序又和谐的运动规律，都给予人类以深刻的启示和无尽的联想。在造型上刻意强调的形式美，使得服饰上的各部位以某种确定的形状和大小镶嵌在某个确定的位置，显示出一定规律的必然性的特征。西方服饰运用形式美法则来弥补自然美的缺陷，凭借形式美去提升自然美，从而达到艺术美的高度。比如，早在古希腊时期就有从数的角度来探求和谐的理论，并提出了黄金分割律；罗马时期也着重提到比例、均衡等问题；文艺复兴时期的达·芬奇、米开朗基罗等人还通过人体来论证形式美的法则等。而黑格尔则以抽象形式的外在美为命题，对整齐一律、平衡对称、对比调和等形式美法则作抽象、概括。于是形式美法则的运用就有了相当的普遍性，它不仅支配着建筑、绘画、雕塑等视觉艺术，甚至对音乐、诗歌等听觉艺术也有很大的影响。因此，体现在服饰造型上它更是显而易见的，如中轴线对称、夸张、强对比以及鲜明的韵律节奏感，都明显地体现出对形式美的刻意追求。

附录一：部分专业用语中英文对照 （大致按出现先后顺序排列）

法勒盖尔（Farthingale）

帕尼埃（Pannier）

克里诺林（Crinoline）

巴斯尔（Bustle）

外轮廓线（silhouette）

洛可可（Rococo）

希顿（Chiton）

修米兹·多莱斯（Chemise dress）

省道（dart）

公主线（Princess Line）

查尔斯·芙莱戴里克·沃斯（Charles Frederick Worth）

斜裁（bias cut）

尖肋拱顶（pointed arch 或 Gothic Arch）

飞扶壁（flying buttress）

束柱（beam-column）

哥阿·斯卡特（Gore Skirt）

波兰那（Poulaine）

汉宁（Hennie）

拉夫领，即轮状皱领（Ruffle）

拉巴领，即披肩领（Rabat）

拂子，即平整宽大的方形轻薄版拉夫（Whisk）

倒拉夫领（falling Ruffle）

巴洛克（Baroque）

探戈（Tango）

查尔斯顿（Charleston）

叟奇·狄亚基列夫（Sergei Diaghilev）

装饰艺术（Art Deco）

管子状（Tubularstyle）

乳罩（brassiere）

保罗·波阿莱（Paul Poiret）

可可·夏奈尔（Coco Chanel）

达尔马提卡（Dalmatica）

普尔波万（Pourpoint）

肖斯（Hose）

布里齐兹（Breeches）

嘎翁（Gown）

比拉哥斯里布，即藕节袖（Virago Sleeve）

奥·德·肖斯（Haut de Chausses）

巴·德·肖斯（Bas de Chausses）

军服式（Military Look）

方肩式（Bold Look）

曼特（Manteau）

女学生式（School Girl Type）

泡泡袖（Puff Sleeve）

羊腿袖（Gigot Sleeve）

大泡袖（Cannon Sleeve）

基哥袖，即羊腿袖（Gigot）

新艺术运动（Art Nouveau）

嘎歇·萨罗特夫人（Madame Gaches Sarraute）

加垫外形（padded silhouette）

苛尔·佩凯（Corps Pigue）

斯塔玛卡（Stomacker）

罗布（Robe）

科拉（Koller）

巴斯克（Basque）

插骨（busk）

苛尔·巴莱耐（Corps Baleine）

洛可可时尚（Rococo fashion）

内衣（chemise）

（紧身胸衣）科尔塞特（corset）

背袋裙（sack-back gown）

曼图亚（Mantua）

宫装（court dress）

波兰式罗布（robe a la polonaise）

浪漫主义时期（Romantic Period）

帕哥达·斯里布，即宝塔袖（Pagoda Sleeve）

贝雷式袖（Beret Sleeve）

高级时装店（haute couture）

夹克（jacket bodice）

巴斯克衫（Basques）

丘尼卡（Tunic）

帕尔特（Paletor）

奥黛丽·赫本（Audrey Hepburn）

玛丽莲·梦露（Marilyn Monroe）

格蕾丝·凯莉（Grace Kelly）

索菲亚·罗兰（Sophia Loren）

克里斯汀·迪奥（Christian Dior）

巴仑夏加（Balenciaga）

纪梵希（Givenchy）

"新风貌"（New Look）

伊夫·圣·洛朗（Yves Saint Lauren）

未来主义（Futurism）

附录二：西方服饰发展的大致时间表（简）

古埃及：公元前 3200—前 320 年

古希腊：公元前 800—前 146 年   古典时代（公元前 5 世纪—4 世纪中叶）

古罗马：公元前 27—公元 395 年

拜占庭：395—1453 年   中世纪（5 世纪后期—15 世纪中期）

    罗马式时代：900—1200 年

    哥特式时代：1200—1400 年

文艺复兴时期：1450—1620 年   近世纪（15 世纪中叶到 18 世纪末）

    意大利风：1450—1510 年

    德意志风：1510—1550 年

    西班牙风：1550—1620 年

巴洛克时期：1620—1715 年

    荷兰风：1620—1650 年

    法国风：1650—1715 年

洛可可时期：1715—1789 年

新古典主义时期：1789—1825 年   近代（18 世纪末—19 世纪末）

浪漫主义时期：1825—1850 年

新洛可可时期（克里诺林时期）：1850—1870 年

巴斯尔时期：1870—1890 年

S 型时期：1890—1914 年

现代服饰时期：1914 年—20 世纪末   现代（20 世纪初—20 世纪末）

图片说明：

图 4-2-2 引自《哥特艺术》

图 4-4-3 引自《西方女装百年图鉴》

图 4-4-4、图 7-2-17（4）引自《一瞥惊艳 19-20 世纪西方服饰精品》

图 5-3-3、图 5-3-4、图 5-3-5 引自《Art nouveau fashion》

图 2-2-7、图 6-2-1（2）、图 6-2-5（2）、图 6-2-10 引自《古典洋装全图解》

图 7-1-2、图 7-1-3 引自《18th Century Fashion in Detail》

图 6-3-8（3）、（4）、（5）引自《Christian Dior History and Modernity 1947-1957》

图 6-2-3（1）引自《Patterns of Fashion 5》

参考文献

[1] 包铭新. 一瞥惊艳：19-20 世纪西方服饰精品 [M]. 上海：东华大学出版社，2015.

[2] （英）N.J. 史蒂文森. 西方服装设计简史 [M]. 任俊若，译. 上海：东华大学出版社，2015.

[3] 莉蒂亚·爱德华（Lydia Edwards）. 古典洋装全图解 [M]. 张毅瑄，译. 台北：聊经出版事业股份有限公司，2019.

[4] Peacock J.The Chronicle of Western Costume[M]. New York：Thames & Hudson Ltd.，2003.

[5] 余玉霞. 西方服装文化解读 [M]. 北京：中国纺织出版社，2012.

[6] Palmer A. Christian Dior History and Modernity 1947-1957[M]. Toronto：Hirmer Publishing，2019.

[7] （德）罗尔夫·托曼，阿希姆·贝德诺兹，布鲁诺·克莱恩. 哥特艺术 [M]. 李珮宁，李为尧，何泰桦，等译. 北京：北京美术摄影出版社，2013.

[8] 贾玺增. 中外服装史（第二版）[M]. 上海：东华大学出版社，2018.

后记

在此书之前我已有一定的研究基础，最重要的是我对设计的热爱，对服饰造型美的敏感度一直没变。西方服饰不同于东方服饰的特点在于对"型"的塑造和构筑，而其中所体现的造型思想、造型手段、造型技术等最具特色，也是其关键所在，对极致美的追求也是造型不断变化的目标，从而展现出人对自身身体表现力的挖掘。作为土生土长的中国人要研究西方服饰造型艺术的表现，无论是思维上还是资料的掌握上都有一定的难度，我尽可能地使自己以接近西方的思维模式去解读历史，挖掘表像背后所蕴含的规律和美。

在此期间，我克服了许多困难。书中代表性的造型案例以及历史上不同时期的服饰图片大部分来源于实物展览和部分外文文献历史书籍。感谢在过程中给予我支持的家人、朋友；感谢出版社编辑老师的多次审稿及给予的宝贵意见，在今后设计和研究的道路上我将继续不断努力。

无论是西方还是东方，造型观念的不同取决于不同的生活环境和文化背景，尽管有太多的不同，然而对美的诉求却是殊途同归的，这也是我着力研究西方服饰造型艺术的初衷。藉以此书为更多热爱时尚的朋友们提供借鉴和参考，也希望读者朋友们批评指正。

图书在版编目（ＣＩＰ）数据

西方服饰造型艺术表现 ／ 丁瑛著． -- 上海 ： 东华
大学出版社，2020.9
　ISBN 978-7-5669-1787-4

　Ⅰ．①西… Ⅱ．①丁… Ⅲ．①服装艺术－艺术史－研
究－西方国家 Ⅳ．① TS941.12

　中国版本图书馆 CIP 数据核字（2020）第 175938 号

责任编辑：谭　英
封面设计：丁　瑛　Marquis
版式设计：唐彬彬

西方服饰造型艺术表现
Xifang Fushi Zaoxing Yishu Biaoxian

丁瑛　著

东华大学出版社出版
上海市延安西路 1882 号
邮政编码：200051　电话：（021）62193056
出版社官网　http://dhupress.dhu.edu.cn/
出版社邮箱　dhupress@dhu.edu.cn
当纳利（上海）信息技术有限公司印刷
开本：889 mm×1194 mm 1/16　印张：8.5 字数：299 千字
2020 年 9 月第 1 版　2020 年 9 月第 1 次印刷
ISBN 978-7-5669-1787-4
定价：53.00 元